燃机自主运维检丛书

Accident Treatment and
Case Analysis
Steam Combined Cycle Unit

U0167157

燃气－蒸汽联合循环机组
事故处理及案例分析

华能南京燃机发电有限公司　编

中国水利水电出版社
www.waterpub.com.cn
·北京·

内 容 提 要

本书是《燃机自主运维检丛书》其中一册，根据华能南京燃机发电有限公司生产经验，总结燃机机组投运以来的98个典型案例，涉及燃机、汽轮机、电气、控制等多个专业，对每一个案例的适用范围、案例背景、建议及措施均详细说明，为燃机的事故预防、诊断和处理提供借鉴。

本书可供各燃机电厂运行、检修及生产管理人员参考。

图书在版编目（ＣＩＰ）数据

燃气-蒸汽联合循环机组事故处理及案例分析 / 华能南京燃机发电有限公司编. -- 北京 ： 中国水利水电出版社，2022.10
（燃机自主运维检丛书）
ISBN 978-7-5226-0812-9

Ⅰ．①燃… Ⅱ．①华… Ⅲ．①燃气-蒸汽联合循环发电—发电机组—事故分析 Ⅳ．①TM611.31

中国版本图书馆CIP数据核字(2022)第114676号

书　　名	燃机自主运维检丛书 **燃气-蒸汽联合循环机组事故处理及案例分析** RANQI - ZHENGQI LIANHE XUNHUAN JIZU SHIGU CHULI JI ANLI FENXI
作　　者	华能南京燃机发电有限公司 编
出 版 发 行	中国水利水电出版社 （北京市海淀区玉渊潭南路 1 号 D 座　100038） 网址：www.waterpub.com.cn E-mail：sales@mwr.gov.cn 电话：(010) 68545888（营销中心）
经　　售	北京科水图书销售有限公司 电话：(010) 68545874、63202643 全国各地新华书店和相关出版物销售网点
排　　版	中国水利水电出版社微机排版中心
印　　刷	天津嘉恒印务有限公司
规　　格	184mm×260mm　16 开本　14.25 印张　347 千字
版　　次	2022 年 10 月第 1 版　2022 年 10 月第 1 次印刷
印　　数	0001—2000 册
定　　价	**128.00 元**

凡购买我社图书，如有缺页、倒页、脱页的，本社营销中心负责调换
版权所有·侵权必究

《燃气-蒸汽联合循环机组事故处理及案例分析》
主 要 编 写 人 员

章　焰	王乾远	朱为东	濮鸿威	涂梦雅
赵　飚	孙宇川	孙明峰	吴渊恒	唐　寅
王文一	于海洋	徐　祥	周业廷	曹殿尧
李晓柯	刘家澍	范文将	路　昊	于雯龙
张　乾	余耀坤	张丹青	张石凯	虞　辉
余正纲	孙　魏	石　强	夏海明	王润超
夏　俊	郑　震	侯苏宁	艾荣申	宗吉琪
刘鼎尧	陈　栋	刘春景	柏　任	孙慧
郑　雪	李　军	高天明	王　鑫	高　超

序

在推动能源转型和绿色发展的政策引领下，中国华能集团有限公司将重型燃机广泛应用于电力生产中，在提高能源效率、改善能源结构等方面发挥重要作用。在电力生产过程中，科学合理地预防燃机故障，对于保证燃机安全运行具有重要意义。

华能南京燃机发电有限公司自 2007 年投产以来，运营 4 台（套）燃气-蒸汽联合循环发电和热电机组，总装机容量 116 万 kW，分别为 2 台（套）GE 公司生产的 9F 型 390MW 机组和 2 台（套）GE 公司生产的 9E 型 190MW 机组。

华能南京燃机发电有限公司组织各专业人员，对历年来 4 台（套）机组及同类型机组发生的各类故障进行收集汇总，编写了《燃气-蒸汽联合循环机组事故处理及案例分析》。本书介绍燃机本体、汽轮机、电气及控制方面共 98 个案例，为燃机的故障预防、诊断和处理提供借鉴。

在《燃气-蒸汽联合循环机组事故处理及案例分析》即将出版之际，谨对所有参与和支持案例汇编编写、出版工作的单位和同志表示衷心感谢。

何文囯

2022 年 9 月

前　言

　　为响应国家能源局加快形成燃机研发、设计、制造、试验和维修服务能力的要求，提升电厂检修技术人员燃机设备检修维护技能水平，实现燃机的全面自主检修，根据中国华能集团有限公司对燃机自主检修的工作要求，华能南京燃机发电有限公司利用长期积累的技术优势，组织专业人员编写《燃气-蒸汽联合循环机组事故处理及案例分析》，为重型燃机的故障预防、诊断和处理提供指导。

　　本书共分5篇，包括9E燃机篇、9F燃机篇、汽轮机篇、电气篇和控制篇。编写过程中参照了国家和行业有关规程规范、中国华能集团有限公司联合循环发电厂监督管理要求、燃机设备厂家提供的产品手册及技术信息通告，并结合国内外燃气发电新技术进行编写，希望能够对燃机故障预防、诊断和处理提供借鉴和支持。

　　由于编者理论水平和实践经验有限，手册中难免存在疏漏之处，敬请读者批评指正。

编　者

2022年9月

目 录

第1篇
9E 燃机篇

第1章 压气机

案例 1
9E 压气机后短轴叶轮损坏

适用范围

9E 后短轴叶轮几何设计的压气机转子。

案例背景

GE 重型燃机转子由多级轮盘组成。9B 和 9E 压气机转子在压气机第 16 级和后短轴之间有一个抽气槽。在压气机后短轴前端设计了叶轮结构，用于导入气流至转子的中空通道，来冷却透平 1 级动叶（R1）和 2 级动叶（R2）。

在机组启停过程中，温度的变化使得压气机后短轴前端叶轮转角半径处应力提高，如图 1.1 所示。在多次启停循环后，热机械疲劳可能会导致该区域萌生裂纹（图 1.2），并可能随启停次数增加而继续扩展。随着裂纹的扩展，其扩展机理可能转变为高周疲劳（HCF），从而使裂纹的扩展具有对运行时间的依赖性，通过分析，2 号轴瓦偏心度对该处裂纹发展模式变化的影响比较大。在轴瓦偏心度严重的情况下，当增加的应力水平达到一定值时，HCF 即可造成裂纹产生及发展。

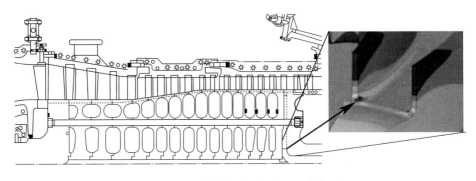

图 1.1 压气机后短轴叶轮受影响位置

某厂在转子检查中，发现压气机后短轴叶轮区域出现大面积裂纹。裂纹大到足以引起轮盘损坏的风险。因此，建议对采用原始叶轮几何设计的转子进行更密切地振动、缸体滑移和轴瓦对中监测。

图 1.2 叶轮顶部裂纹

建议及措施

建议将原始压气机转子或压气机转子后短轴更换为增强型压气机后短轴的转子（图1.3）。

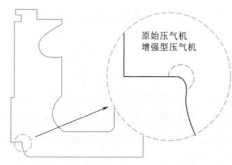

图 1.3 原始叶轮和增强型叶轮剖面图

在改造完成前采取以下措施：

（1）修改轴瓦振动限值。为了最大限度降低轮盘损坏的风险，应密切监测轴瓦振动（以下简称瓦振）。为了在叶轮裂纹扩展的情况下安全停机，3个轴承上的瓦振限值降至 0.7″/s（18mm/s）。机组在超过这个瓦振限值跳闸后，建议在重新启动之前，复查一下跳机数据，因为这可能表明压气机后短轴叶轮存在裂纹。

（2）瓦振监测和长期趋势。建议在整个启动过程、机组稳态、停机过程中记录所有燃机轴承振动峰值水平。这些数据将用于建立一个在这些运行模式下的振动响应基准，并定义机组的典型运行范围。振动趋势的增加，尤其是在稳态运行过程中，应仔细分析并与振动响应基准进行比较，因为这种特征可能表明裂纹正在通过 HCF 扩展。

（3）缸体滑移和轴瓦不对中。如果没有按照要求对排气框架进行防止缸体滑移处理，建议对缸体滑移进行检查。根据需要，在下次大修中进行缸体找中。如果已进行了缸体找中，建议重新定位缸体法兰销孔，以确保在未来运行中保持缸找中后的效果。

案例2
9E 压气机 1 级静叶裂纹

适用范围

国内所有 9E 机组。

案例背景

几台 9E 机组报告了在机组运行期间 1 级静叶（S1）/1 级静叶前缘（LE）顶端与 R1 叶根发生碰撞或接触，以及 S1 进气侧背弧面中部出现裂纹。S1 是指压气机内第 1 级静叶，R1 是指第 1 个动叶。

某些机组在 S1 的吸气侧背弧面中部附近发现了裂纹，如图 2.1 所示，无论是否观察到碰撞，都可能发生这种类型的开裂。所有经历过 R1/S1 碰撞损坏和/或 S1 开裂的装置都位于已知的腐蚀性环境中。

碰撞是由于转子和定子级之间的轴向间隙变小。9E 机组中轴向间隙变小的可能原因是在机组启停阶段，旋转失速驱使 S1 叶片扭曲增加尖端偏转。

频率响应，以及由于环段"锁定"导致的阻尼损失，可能高于正常运行应力。应力在静叶吸入侧靠近翼旋中部位置附近达到最

图 2.1　S1 裂纹指示

大。当叶片和环段之间积聚腐蚀和氧化时，通常发生称为"锁定"的情况。随着启动次数、环境变化和停机时间，这种状况会逐步发展。碰撞损坏发生在底部中心（"6 点钟"）位置附近，由于水分积聚，腐蚀更为普遍。

如图 2.1 所示，特别是在频率响应而增加应力的区域，存在一定的风险。碰摩也有可能不伴随压力增加。但由于裂纹扩展，S1 可能断裂并导致停机。

建议及措施

（1）建议每年内窥镜检查 S1 与 R1。

（2）建议对 S1 进气侧进行无损检测（NDT）。

（3）如果发现碰撞或裂纹，应及时处理。如果发现 S1 碰摩损坏，典型的处置方式是更换静叶环组件；如果 R1 叶片损坏，需严格按照对损坏测量的分析结果进行修复。

（4）如果发现 S1 出现裂纹，典型的处置方式是尽快更换 S1 叶片环组件。

案例 3
9E 压气机静叶叶根裂纹

适用范围

6B/FA/FA＋e、9B/E/F/FA 和 9FA＋e。

案例背景

现场装配因工期影响，压气机静叶固定往往采用錾子冲铆静叶燕尾槽，这种固定方式

容易造成静叶燕尾槽开裂（图3.1），影响机组安全。

　　静叶叶根产生裂纹的同时，也会对燕尾槽造成附带损伤。图3.2给出了正确的固定方法，即沿燕尾槽的内侧（非负载面）圆形冲铆。

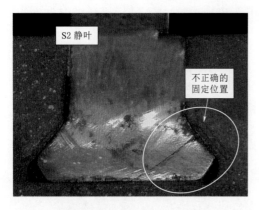

图3.1　静叶叶根底座开裂　　　　　　图3.2　正确的固定方法

建议及措施

　　（1）应关注静叶叶根的裂纹的长期影响及由此产生的压力面损伤。因此，应对受影响的机组进行检查，以确保损坏不会进一步传播到定子或静叶环。

　　（2）在年度孔窥检查时，应特别注意静叶与静叶环之间的磨损或松动迹象。

　　（3）在每次大修或压气机揭缸的机会，通过晃动静叶检查松动情况。

　　（4）静叶必须进行荧光渗透（FPI）检查，特别是燕尾槽裂缝处。

案例 4
9E 燃机 2# 轴承排水管道法兰漏水、漏气

适用范围

所有 9E 燃机。

案例背景

压气机排气箱（CDC）和燃烧室形成一个静压室，压气机直接排空气进入燃烧室。向 2# 轴承供油的 2# 轴承排水管穿过 CDC 和燃烧室底部的静压室。排水管固定在适当的位置，并由法兰填料和石墨垫圈密封。图 4.1 为法兰连接示意图。

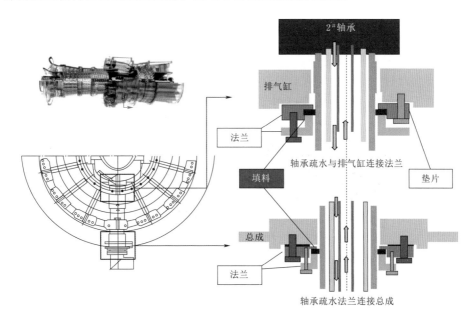

图 4.1　9E 燃机 2# 轴承排水管法兰连接示意图

一些电厂，在运行数千小时后，排水管法兰连接松动，导致运行中漏热空气或水洗时漏水。法兰螺栓也被发现松动或缺失。几起事故造成热通道（HGP）部件的损坏。图 4.2 和图 4.3 分别显示了水洗水从法兰面泄漏以及松动的螺栓。

图 4.2　水洗水泄漏

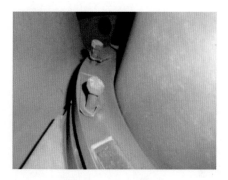

图 4.3　松动的螺栓

调查发现，故障原因是法兰解体后盘根压缩量减小。这会导致排水管法兰连接螺栓松弛，从而造成法兰平面不平整，螺栓松动。进一步调查发现，某些盘根没有按照正确的规格制造。

早期建议使用的 1625G（石墨纤维与轻 PTFE 分散涂层）同样也会发生泄漏问题。建议在安装密封时应遵循相关要求，以避免安装后遇到问题。

建议及措施

如果现场遇到热空气泄漏或水洗水泄漏，建议对此区域执行内窥镜检查，以检查螺栓是否松动。如果螺栓完好无损，但观察到热空气泄漏和/或水洗水泄漏，建议在未来检修期间进行密封更换。如果在内窥镜检查期间发现螺栓松动和/或螺栓缺失，建议在进一步运行前检查 HGP 部分是否有第二次损坏并更换密封。更换密封时，可能需要拆下燃烧过渡件。

在密封更换过程中遵循以下程序/建议：

（1）确保密封符合图 4.4 中所示的要求，内部横截面为深灰色，表示存在石墨。如果密封不符合，应用新型 1625G 密封（用轻 PTFE 分散涂层的石墨纤维）替换。

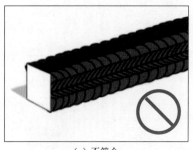

（a）不符合

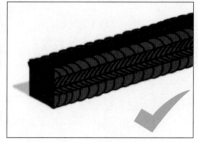

（b）符合

图 4.4　盘根一致性检查

（2）所需的 1625G 密封有一个深灰色的内部横截面。白色横截面表示密封不符合规格要求，必须采购密封进行现场更换。

（3）如果发现损坏，建议更换锁紧螺栓，不要重复使用松弛的螺栓。

（4）按照 GE 安装图纸 351A3700 中 Table-V 的建议，应用适当的螺栓力矩。

（5）测量两片法兰间隙（图 4.5），并确保间隙值在 ±0.010″ 容差范围内。

（6）安装后，确保锁片与螺栓头的平面齐平，锁紧到位，如图 4.6 中的说明。

图 4.5 法兰到法兰间隙测量   图 4.6 锁板弯曲

（7）继续监控罩壳内温度。

GE 还开发了一种新的法兰配置，旨在降低对装配体的难度，并提高整个法兰系统的强度。建议在下次计划中断期间安装此新的法兰配置。

9E 机组 2# 轴承排水管有不同的布置，根据现场使用的配置，要安装的密封数量会有所不同。一般来说，有两种类型的配置，即单管配置和分管配置，参见图 4.7。推荐的填料和新式法兰，对于单管配置排水管，在 CDC 和封套侧均适用；但对于分管配置排水管，仅适用于封套侧。

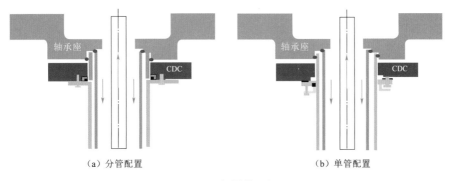

（a）分管配置   （b）单管配置

图 4.7 辐射管配置

案例 5
9E 燃机 2 级静叶叶顶围带损坏

适用范围

9E 燃机，配置 8 个冷却气孔的 2 级静叶（S2）。

案例背景

配置 8 个冷却气孔的 S2B，在检修期间发现 S2 叶顶围带 Z 形圆角的接触/非接触面开裂或断裂，如图 5.1 和图 5.2 所示。调查表明，开裂和断裂是非接触面的拱形结合和 Z 形圆角蠕变的结果。虽然未发生跳闸，但部件已报废。

对上述发生的问题进行修改，修改内容包括：

（1）扩大非接触间隙。

（2）Z 形圆角半径的修改。

图 5.1 接触面开裂

图 5.2 非接触面断裂

建议及措施

对于已投用、未投用或正在运行的 S2 部件，S2 叶顶围带的改进需要通过 GE 认可。表 5.1 汇总了受此影响的 S2 组件装配件编号为 314B7169G025/26，对于这些零件号，建议执行以下操作：

（1）在安装和运行之前，应将备品发送到 GE 维修服务中心进行修改。

（2）当前在运行的机组，在完成当前的检修任务后，应送至 GE 维修服务中心进行改造。

（3）S2 已投入运行，也建议对 S2 接触面和非接触面进行 100% 孔窥检查。

案例 6
E 级机组 2 级动叶叶顶围带扭曲

适用范围

所有 7E、7EA、9E 和特定的 6B 燃机。

案例背景

叶顶围带向外径方向扭曲会导致其与固定护环上的径向密封摩擦，并可能导致叶顶围带开裂。最终，护环可能会松脱。研究表明，叶尖围带扭曲通常发生在翼型后缘 50%～70% 跨距范围内，叶尖围带本身的变形会产生二次冲击。运行条件对 2 级动叶（R2）扭曲问题起着重要作用。通常，运行维护系数大于 1（峰值负荷、湿控制曲线、高蒸汽/水注入率）可能会缩短更换周期。机组燃烧温度在 R2 扭曲中也起着重要作用，因此，了解 R2 的燃烧温度历史数据非常重要。

叶尖围带偏转与以前发生的叶顶围带变形有所区别，那种变形主要发生在老式 MS7001E 和 MS9001E 叶片上，采用直边（非扇形）叶顶围带配置。

R2 叶顶围带扭曲范围可通过内窥镜检查（BI）进行监测，以确定 R2 维护的时间和范围。不进行检查可能导致蠕变断裂，或造成相邻的两片 R2 之间的叶顶"Z"形锁片分离，导致故障。

建议及措施

（1）表 6.1～表 6.3"受影响部件零件号"中确定的 R2 必须进行检查。

（2）如果机组运行时间在中修或之前，则在中修时进行检查。

（3）如果机组运行时间超过热通道检查（HGPI）间隔，且机组已进行检查，则根据评估结果，在下一个 HGPI 时进行检查。

（4）如果装置运行时间超出热气路检查间隔，且装置未进行检查，在第一时间进行内窥镜检查。

（5）在标准的年度内窥镜检查期间，检查叶顶围带是否有任何明显的扭曲。如果发现明显扭曲，则按照内窥镜检查程序中的说明测量，并做进一步处理。

（6）对于未列出的叶片零件号，建议目视检查零件。如果任何零件在接触面上有可见的围带扭曲迹象，则应进行全面检查，并提交数据以供审查。

（7）所有 B/E 级 R2，无论零件号如何，都应仔细检查每个热通道的叶顶围带蠕变挠度，并进行内窥镜检查。

表 6.1　　　　　　　　　　　　　　受影响部件零件号（一）

生产年份	机组型号	叶片图号	加工图号	铸造图号
1976	MS6431A		887E0903P001～11	
1980	MS6441A		932E0148P001～18	
1986	PG6541B	314B7163G002	101E2033P001～4	
1987	PG6541B	314B7163G001、3、4、6	979E0615P001～7	
1995	PG6551B	314B7163G007、8	110E2901P001～8	110E2877P001
1996	PG6561B	314B7163G010、11、12、15	112E6333P001～8	110E2877P001
1999	PG6571B	314B7163G016、17、18	115E6727P001～8	115E6647P001

表 6.2　　　　　　　　　　　　　　受影响部件零件号（二）

生产年份	机组型号	叶片图号	加工图号	铸造图号
1968	PG7651A		772E0152P002、3、5～10、12～21	772E0152P001、4、11
1970	PG7711B	813E0457G001～4	813E0457G001、4	
1973	PG7821B	837E0188G001～4	837E0188G001、4	
1980	PG7851B	855E0552G001～4	854E0804P001	
1988	PG7851B	103E3284G001	979E0621P001	
2002	PG7851B	314B7166G033	119E6163G001	116E2747P001
1976	PG7931C	854E0806G001～4	854E0804P001	

续表

生产年份	机组型号	叶片图号	加工图号	铸造图号
1976	PG7931C	315A4712G003、8	854E0966G001～9	854E0804P001
1977	PG7981E	855E0197G001～10	854E0804P001	
1980	PG7981E	855E0552G005	948E0783P001	
1985	PG7111EA	973E0415G001～4	854E0804P001	
1986	PG7111EA	314B7166G002、6	948E0784G001～15	948E0783P001
1987	PG7111EA	315A4712G012、13、314B7166G001、7	979E0622G001～6、8	979E0621P001
1996	PG7121EA	314B7166G013～16、27	109E5310G001～4	948E0783P001
1997	PG7121EA	314B7166G018～21	114E1726G001～4	948E0783P001
1997	PG7121EA	314B7166G023、27、29、34～39	109E5266G001～9	109E5265P001,116E2747P001、2

表 6.3   受影响部件零件号（三）

生产年份	机组型号	叶片图号	加工图号	铸造图号
1971	PG9111B		813E0525	
1989	PG9111B	314B7168G004	103E3510G001	979E0623P001
1978	PG9141E		932E0302	932E0301
1986	PG9167E	314B7169G002	948E0786G001～3	948E0785P001
1987	PG9167E	314B7169G001	979E0624G001～3	979E0623P001
1990	PG9171E	314B7169G005	103E5520G001	103E3501P001
1996	PG9171E	314B7169G007～13、15、17、18、20	109E5314G002～10	103E5301P001
2007	PG9171E	314B7169G021	121E2509G001、4	121E2508P001

案例 7
9E 机组 2[#]轴承回油管膨胀接头漏油

适用范围

在 2# 轴承排放管道上配置波纹管膨胀接头的 9E 机组。

案例背景

2# 轴承回油管膨胀接头位于燃机燃烧室下方，靠近润滑油回油管处，如图 7.1 所示。其主要功能是提供进入透平内部 2# 轴承润滑油连接件的通道。这种膨胀接头结构被集成到管道系统中，使得燃机安装更加容易。

在运行中发现回油管道的振动升高，主要原因是膨胀接头改变了 2# 轴承回油管刚度。由于没有任何阻尼手段，过高的振动可能加速回油管道组装部件的老化，从而导致在膨胀接头或轴承壳体焊缝处出现裂纹，可能导致油泄漏，增加火灾和被迫停机的风险。

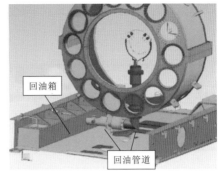

回油箱

回油管道

图 7.1　回油管位置

短期内可采用燃烧室安装上支承的阻尼支架减缓 2# 轴承回油管道的水平运动，如图 7.2 所示。

图 7.2　阻尼支架

阻尼支架仅作为短期解决方案，有必要使用图 7.3 所示的刚性联轴器，实现长期解决方案。

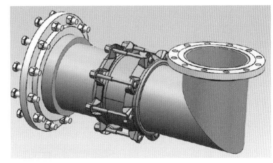

图 7.3　刚性联轴器

建议及措施

建议在机组下一次计划停机期间，用刚性联轴器替换 2# 轴承回油管膨胀接头。对 2#

轴承回油管连接方式进行改进，可以降低由于振动水平升高而造成漏油、火灾或被迫停机的风险。

案例 8
启动过程中天然气流量大造成设备损坏

适用范围

MS6001A、MS6001B、MS7001A、MS7001B、MS7001C、MS7001E、MS7001EA、MS9001B 和 MS9001E 型燃机。

案例背景

一些机组由于点火程序开始时燃料流量过大，导致排气室中出现可燃混合物，造成排气系统爆燃。事件原因包括：伺服控制卡校准问题、线性可变差分传感器（LVDT）磨损、液压系统受污染（伺服污垢）、软件常数错误以及维修后由于装配错误导致的截止速比阀（SRV）泄漏。

上述因素会造成 SRV 和燃料控制阀（GCV）之间腔室中的压力（P2）失控，如图8.1所示。由于在点火过程中 GCV 的预设开环定位，P2 控制对于正确控制气体燃料流量从而正确控制启动至关重要。

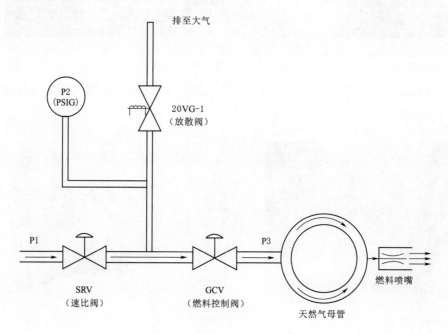

图 8.1　燃机燃料系统示意图

建议及措施

图 8.2 展示了典型启动的 P2 值和 GCV 定位。P2 值可根据表 8.1 中列出的信息确定。

表 8.1　　　　　　　　　　　　　　各机型 P2 值

机　型	P2 压力高一值	P2 压力高二值	P2 压力低
MS6001A	6PSIG	1.5P2F	0.8P2F
MS6001B	6PSIG	1.5P2F	0.8P2F
MS7001A	6PSIG	1.5P2F	0.8P2F
MS7001B	6PSIG	1.5P2F	0.8P2F
MS7001C	6PSIG	1.5P2F	0.8P2F
MS7001E	6PSIG	1.5P2F	0.8P2F
MS7001EA	6PSIG	1.5P2F	0.8P2F
MS9001B	6PSIG	1.5P2F	0.7P2F
MS9001E	6PSIG	1.5P2F	0.7P2F

注　1. 点火前 P2 压力应为 0PSIG，PSI 为压力单位，磅/平方英寸，G 为表压。

　　2. P2F 是点火时的 P2 值，P2F 将随转速而变化。

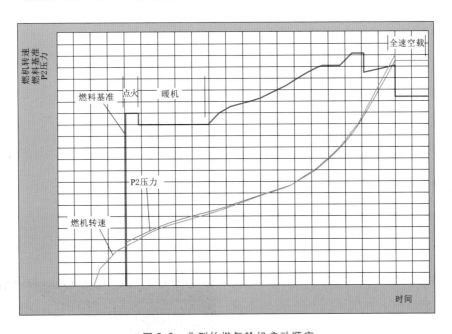

图 8.2　典型的燃气轮机启动顺序

在启动期间，应按照以下指南诊断监测，以确保机组安全、可靠地运行：

（1）P2 高（大于 P2 压力高一值）：在点火顺序之前，燃料通过 SRV 泄漏。

1）立即停止启动。

2）检查 SRV、LVDT 伺服阀和 P2 压力传感器。

3）确定原因并消除后，方可尝试再次启动。

（2）P2 非常高（大于 P2 压力高二值）：在点火过程中（标称目标为点火时的 P2 值）P2 压力控制失效。

1）立即停止启动。

2）对照 GE 规范检查控制常数、SRV 校准、GCV 校准、液压系统、伺服操作是否正常，查找原因。

3）确定原因并消除后，方可尝试再次启动。

（3）P2 低（小于 P2 压力低）：在点火过程中持续 3～5s。如图 8.2 所示。P2 应在点火期内持续升高，否则可能报警，例如液压伺服故障，有可能造成过度校正或 GCV 校准错误/失控，从而导致燃料流量过大。

1）立即停止启动。

2）检查液压油系统压力、伺服操作、LVDT 操作、GCV 校准和控制常数是否正常。

3）确定原因并消除后，方可尝试再次启动。

（4）燃机启动过程中，从点火到火检指示正常应小于 10s，当超过 15s 或更长时，应仔细检查燃机和燃料供应系统。另外，可根据启动过程中的异常噪声提早发现问题，并应立即进行检查。

控制软件在启动期间监控 P2 压力状况，并根据需要采取纠正措施。尽管该软件可自动进行测试，但实际运行中必须建议进行操作和维护。在启动过程中，即使 SRV/GCV 已经检修过，也必须监测 P2 值。

在启动过程中，绕过自动保护程序以检测高 P2 值有可能在点火顺序开始时出现燃料流量过大的风险，这可能导致排气室中出现可燃混合物，并发生爆燃事故。

案例 9
透平壳体到排气架法兰错位

适用范围

9E 燃机。

案例背景

一些 9E 机组发现透平壳体与排气架垂直法兰出现错位，如图 9.1 所示。现场经验和有限条件分析表明，错位是热应力作用的结果，热应力作用是由大的温度梯度引起的。这种错位导致 2# 轴承的不对中和 3# 轴承的过载，继而导致燃机缸体与排气架不对中，2# 轴承上半部分轴承损坏，3# 轴承下半部分过度磨损，以及两个轴承的不均匀磨损模式。

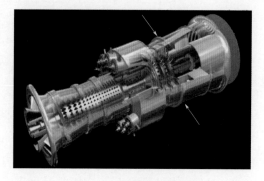

图 9.1　9E 机组排气架法兰

建议及措施

采用径向销来限制每个法兰的热膨胀差，径向销取代法兰上的轴向销，可以允许每个法兰随温度升高而膨胀，然后在冷却收缩过程中引导它们回到原来的相对位置。

为避免潜在的错位，将 6# 和 10# 销榫结构，以及轴向销榫和阀体螺栓结构，及时改为 14# 径向销榫结构。

案例 10
透平缸裂纹

适用范围

E 级、B 级燃机。

案例背景

E 级燃机透平缸是固定部件，材质为球墨铸铁，位于燃气机组缸体中部。一些 7E、7EA、9E 和 6B 机组在检修期间发现裂纹，通常在透平缸中前垂直法兰、喷嘴偏心销孔、内窥镜孔和间隙测量孔附近的较高应力区域。这些裂纹可能导致热气体泄漏或设备故障，对人员和周围设备造成危险。前垂直法兰的典型位置如图 10.1 和图 10.2 所示，测量孔轴向裂纹示例如图 10.3 和图 10.4 所示。但是，检查不应局限于这些区域，而应包括整个透平缸。

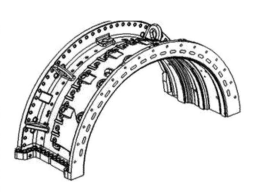

图 10.1　燃机透平缸上半部分

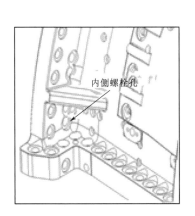

内侧螺栓孔

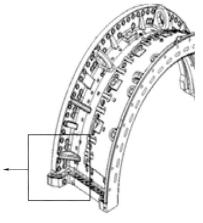

图 10.2　前垂直法兰

图 10.3　典型垂直法兰裂纹

图 10.4　典型的二级动叶测量孔裂纹

建议及措施

　　建议对上述高应力区域使用着色渗透剂检查所有 7E、7EA、9E、6B、7B 和 9B 透平缸外表面是否有裂纹（图 10.5），以及在高应力区域使用染料渗透剂对可触及内表面进行检查（图 10.6）。

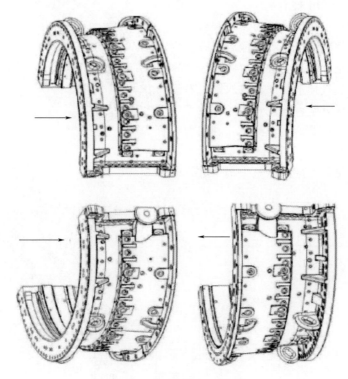

图 10.5　缸体外表面检查位置

　　检查建议如下：

　　（1）机组停机时，使用着色渗透剂检查高应力区域外表面。

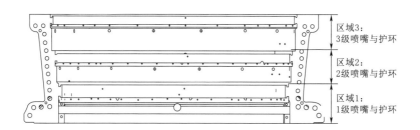

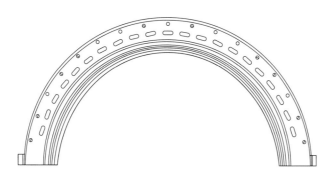

图 10.6　透平缸内表面检查位置

（2）在 HGPI 和大修期间时（以先到者为准），在高应力区域使用着色渗透剂检查可触及内表面是否有裂纹。

（3）检查每个裂纹的以下信息：

1）裂纹方向（轴向或圆周）。

2）区域（朝向；透平壳体；1 级、2 级或 3 级；以及外部或内部）。

3）位置（例如孔窥检查孔或前垂直法兰）。

4）长度（总长度，如裂纹贯穿孔，总长度应包括孔的直径）。

（4）对裂纹尖端进行标记，以便后续检查。

（5）提供裂缝的照片（全局和局部），清楚地显示裂缝的长度和位置。

案例 11
3 级静叶裂纹

适用范围

所有 9E 燃机。

案例背景

　　一些 9E 机组 3 级静叶（S3）出现裂纹而导致解列非停事故。每个叶片断裂的位置都相当一致。图 11.1 显示了在 S3 观察到的裂纹高发区域。

图 11.1 裂纹高发区域

建议在以下间隔内对 S3（特别是前缘和后缘）进行荧光渗透检查：

（1）运行时间不超过 24000h 的机组，每运行 4000h 或 100 次启动的叶片进行检查。

（2）运行时间超过 24000h 的机组，每运行 8000h 进行检查。

（3）检查可安排在机组停机检修期间，包括孔窥检查、小修、中修和大修。

（4）如果检查发现裂纹，应根据裂纹的长度进行评估，决定是否更换。

案例 12
动叶低速摩擦

适用范围

所有 9E 燃机。

案例背景

在重型燃机中，动叶的作用是将高温气体的能量转化为旋转转子的机械能。透平的第 2 级和第 3 级具有叶顶围带级，叶顶围带与护环用于阻止高温气体绕过叶片。叶顶围带与护环之间的间隙可提升燃机效率，同时考虑了所有部件的热膨胀。

随着燃机运行时间的延长，R2 和 R3 叶顶围带与护环之间的间隙会发生变化，这些变化是由于燃机正常运行时部件的热胀冷缩循环造成的。当机组频繁启停时，叶顶围带与护环之间的间隙可能会与原始设计产生变化。例如，由于透平缸的材料体积较大，缸体可能会以不同的速率膨胀，从而导致缸体在水平中封面处发生"夹紧"，叶片和护环之间的间隙可能会变很小或不均匀。

一些 9E 机组发现 R2 或 R3 叶顶围带磨损过度，如图 12.1 所示，叶顶围带磨损会导致机组性能的重大损失，并可能需要在下一次计划间隙前更换动叶。

这种损坏是机组启动过程中由于间隙不均匀或间隙过小造成的低速摩擦引起的。低速摩擦发生在速度低于 1200r/min 时，摩擦导致动叶密封环过热并融化一些叶顶材料，使材料粘在护环上，如图 12.2 所示。这种重新凝固的材料比叶片母材更硬，并成为切割工具造成密封环进一步磨损。

图 12.1　叶顶围带磨损

图 12.2　护环蜂窝密封磨损

即使机组的叶片和护环之间的间隙未小于最小间隙，低速摩擦的风险也存在。这是因为在机组运行期间，由于启停阶段的部件膨胀，间隙可能会有所不同。

建议及措施

1. 转子安装

为了将低速摩擦的风险降到最低，第 2 级或第 3 级护环安装时，必须对第 2 级和第 3 级的转子位置进行 6 点检查，以确定间隙是否低于最小值。如果确定间隙低于最小值，将 6 点测量值与半缸测量值进行比较，检查是否有缸体不圆的情况，这可能是造成间隙过紧的原因。确定机组通流间隙是否符合规定，如有必要，调整通流间隙的程序如下：

（1）当透平上半缸吊出后，测量左右两侧中封面间隙，间隙限制必须严格满足。如果间隙超出允许范围，则应测量所有下半缸第 2 级和第 3 级 6 点间隙。6 点测量值应与半缸测量值进行比较，以确定任何不圆情况的程度，并验证对齐。

（2）如果 6 点测量值和半缸测量值的比较显示出不圆的情况，则可以通过垂直顶入透平壳体来修正。使用之前安装的透平壳体千斤顶，缓慢地提高千斤顶，以获得在操作限制内的中封面间隙，同时监测 6 点测量读数。

（3）一旦下半缸发生偏转以获得可接受的间隙，就可以安装上半缸。可能需要结合定位板、千斤顶和手拉葫芦，以匹配下半缸的偏转情况。

（4）保持千斤顶、定位板和手拉葫芦就位，直到缸体螺栓连接程序完成。

（5）进行 6 点间隙测量第 2 级和第 3 级上、下半部分位置。

（6）拆下透平缸体千斤顶、葫芦、定位板和任何其他临时支撑手段。

（7）进行 6 点测量以确认机组在运行状态下是否留有可接受的间隙。

（8）转子安装，上半缸已扣缸，螺栓和千斤顶拆除，如果垂直间隙之和超过 0.020″ 大于水平间隙之和，且小于最小间隙标准，护环可能需要加工。如果间隙大于最小值，无须进一步处理。

2. 替代方法（预开槽）

如果没有适当的 6 点间隙检查设备，或者现场无法确保缸体的适当圆度，则可以采用以下步骤作为修正间隙的替代方法。这种方法假设间隙在水平附近是最紧的，可能无法防止在圆周周围其他地方发生低速摩擦。

（1）测量 1 级护环与中封面的半缸间隙。如果发现间隙低于最低规格，将 1 级护环下半部吊出，开槽至所要求的深度，满足规定的最小间隙。

（2）当护环位置正常时，测量 2 级护环与中封面的半缸间隙。如果发现间隙低于最小规格，吊出 2 级护环下半部分，进行开槽。

（3）重复进行间隙测量，并为每个护环开槽，直到间隙测量满足规定为止。

（4）护环上缸部分处理步骤同上。

（5）蜂窝密封：应满足图 12.3 中间隙要求。确保设备已正确对齐。如果在执行上述步骤后间隙不可接受，则必须拆除护环，进行开槽。预开槽应按照图 12.3 的要求进行。

（6）非蜂窝密封：不符合间隙要求的非蜂窝状护环（图 12.4）可以像蜂窝状护环一样开槽。

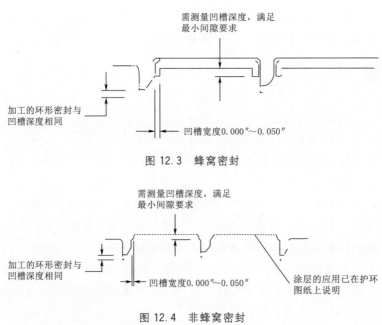

图 12.3 蜂窝密封

图 12.4 非蜂窝密封

案例 13
刚性负荷联轴器拆卸过程人身及设备伤害

适用范围

具有刚性联轴器的 9E 燃机。

案例背景

在燃机系统中，负荷联轴器通常将燃机或汽轮机与负载齿轮、发电机或离合器等驱动设备连接起来，如图 13.1 所示。通常，它由一个空心轴（称为扭矩管）和两端的法兰作为燃机与驱动设备之间的接口，如图 13.2 所示。

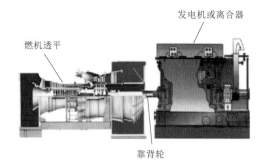

图 13.1 动力传递配置（因机型而异）　　　　图 13.2 刚性负载耦合

在燃机法兰和发电机的法兰分离过程中，发生了能量的快速释放。能量的快速释放导致发电机转子轴向移动约 1.25″，同时，压力波的释放产生了巨大的冲击波，并导致小的不安全物品蹦出。

这是由于在装配过程中为减少联轴器止口过盈配合的影响，往往使用干冰进行冷却，导致负荷联轴器腔内的压力增加，增加的压力被密封在两个法兰之间的负载耦合腔内。在拆卸过程中，压力释放导致冲击波，并迫使发电机转子移动。由于刚性联轴器有一个空心腔，因此这种情况可能发生在任何具有刚性联轴器的机组中，这些机组没有提供压力释放孔来允许压缩气体的逸出。驱动设备的运动和同时产生的压力波会对部件造成损坏。

建议及措施

在打开负荷轴法兰之前，最后两个螺栓应该松开一个框架指定的距离，以便为槽口脱离提供空间。如果发生快速能量释放，这种距离也会限制从转子的位移量，此外，所有小物品都应固定在该区域，以防止在发生快速能量释放时蹦出。操作人员还应在法兰分离过程中采取听力保护措施，因为快速能量释放可能会引起响亮的噪声。

拆卸程序如下：

（1）佩戴适当的个人防护用品，包括听力防护和安全眼镜。

（2）松开第一个螺栓，将螺母按表 13.1 中所示的指定螺牙进行松动，以保证所需的轴向间隙。

（3）根据说明拆卸其余前半部分螺栓。

（4）松开其他螺栓，应与第一个松开的螺栓间隔 180°，松开的螺牙按步骤（2）执行。

（5）按照拆卸指令继续拆卸所有螺栓，直到只有 2 个松动的螺栓留在法兰中。

（6）确保拆卸区域内所有小物品安全。

（7）使用顶升螺钉打破联轴器与透平/离合器之间的过盈配合。

（8）允许从刚性联轴器内释放潜在压力。

（9）拆下最后两个螺栓。

（10）完成刚性联轴器拆装。

（11）最后两个螺栓限制了两个旋转设备之间的轴运动量，可在拆卸过程中保护设备。

表 13.1   最 终 螺 栓 松 动

机　型	螺牙旋转圈数		轴向间隙/(")	
	燃机侧	负荷侧	燃机侧	负荷侧
6A/B	6	6	0.5	0.5
7E/EA（229D7316 或 347A5542）	3	3	0.25	0.25
7E/EA	6	6	0.25	0.25
7F/FA/FA+/FA+E/FB（所有其他 dwgs）	7.5	7.5	0.6	0.6
9E/EA	5	5	0.6	0.6

案例 14
燃机叶轮燕尾槽磨损

适用范围

E 级燃机（9EC 除外）。

案例背景

根据设计，在无负载表面上，叶片和叶轮榫头之间有间隙，允许叶片和叶轮产生不同的热响应，在低转子转速下导致"晃动"。如果通过锁定叶片阻止其在运行工况下产生位移，则可能会产生高应力。为降低这种风险，应遵循《重型燃机运行维护注意事项》（GER 3620）中规定的转子转动建议。

一些 MS6001、MS7001 和 MS9001 机组出现叶片和叶轮燕尾榫材料磨损，这些情况是由于机组盘车运行时间过长和榫头区域的腐蚀。在盘车装置运行期间，叶片不会像机组运行时那样有较大的离心力。在没有离心载荷的情况下，随着转子的旋转，叶片从一侧移动到另一侧。在机组盘车运行的情况下，这种运动会导致轮盘榫头磨损、材料缺失。如果榫头区域存在腐蚀，则腐蚀产物会加速磨损速度。榫头材料缺失和叶片晃动增加有以下方面值得关注：

（1）径向密封销脱落。

（2）由于根部材料缺失，榫头应力过大。

（3）由于根部材料缺失，叶片护环搭接。

（4）叶片护环的耐磨面缺失。

（5）轻微径向摩擦。

（6）锁片凸出。

为了防止在长时间停机期间转子弯曲和叶片锁死，往往延长盘车装置运行时间。如果存在腐蚀，这可能会导致材料大量缺失，以下建议将有助于延长叶轮的使用寿命。但是，如果材料缺失过多，则可能需要更换叶轮。

建议及措施

1. 检查

评估叶片晃动是通过测量叶片平台间隙。如果间隙在规定的范围内，则认为叶轮榫头材料的缺失是可以接受的。如果叶片平台间隙测量值超过规定限值，则应进行轮盘榫头材料缺失测量。检查流程如图 14.1 所示

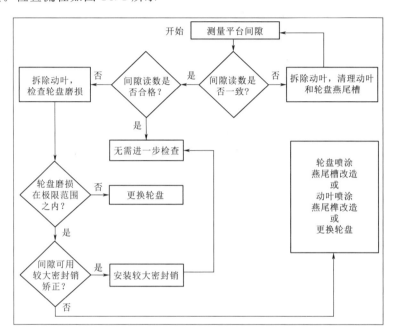

图 14.1 检查流程图

（1）叶片平台间隙测量。叶片平台间隙测量如图 14.2 所示。此测量值可确定叶片凸

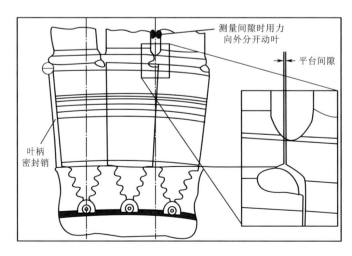

图 14.2 叶片平台间隙测量

舌是否正确装载，以及在低速转动过程中填隙片能否保持。虽然平台间隙和轮盘榫头材料缺失是相关的（榫头材料缺失增加意味着间隙增加），但测量平台间隙并非测量轮盘榫头材料缺失，由于叶轮榫头中材料缺失的随机性，因此，可能无法确定平台间隙和榫头材料缺失之间的相关性。应使用将在装置中运行的叶片进行测量，若要安装新的叶片，则应使用它们进行测量。

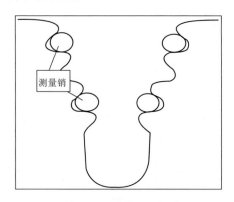

图 14.3　轮盘测量位置

如果测得的平台间隙小于允许尺寸，则无须进一步检查，叶轮和叶片可按原样使用。如果间隙测量值接近或高于极限值，则应尽可能安装更大的填隙片。如果安装较大的密封件销不能充分增加允许的间隙测量值，则必须拆下叶片，并测量叶轮榫头材料缺失（磨损）。

（2）叶轮榫头材料损耗极限。如果叶片平台间隙超过限值，则需要进行第二次测量，以确定是否发生过多的材料缺失。过度磨损的叶轮榫头会影响叶片在运行过程中对叶轮的负载，并导致高应力区域。如果磨损量大于允许值，则必须报废叶轮，因为榫头的结构完整性可能受损。为了估计叶轮的预期寿命，确定每个叶轮每燃烧小时的材料缺失和盘车装置的时间。在图 14.3 所示的位置处测量叶轮燕尾槽。如果轮盘燕尾槽磨损尚未超出允许范围，可有多种手段使轮盘磨损控制在可以接受的水平，但会出现较高的动叶晃动。每种方法都有其优势和劣势，取决于相关机组的具体情况。但轮盘燕尾槽材料过度损耗的最终解决办法还是更换轮盘。

表 14.1　　　　　　　　　　　　　叶轮榫头材料缺失限值　　　　　　　　　　　　　单位：(″)

型号	轮盘级别	最大允许间隙	叶柄密封销直径	叶柄密封图号
MS6001	1	0.12	0.13	302A1114P001
	2	0.107	0.117	302A1153P001
	3	0.14	0.15	279A1705P003
MS7001	1	0.13	0.140*	215A4218P001
	1	0.15	0.160**	275A8270P002
	1	0.172	0.182	215A4218P004
	2	0.13	0.140*	215A4218P002
	2	0.15	0.160**	215A4218P007
	2	0.172	0.182	215A4218P005
	3	0.13	0.140*	215A4218P003
	3	0.15	0.160**	215A4218P008
	3	0.172	0.182	215A4218P006

续表

型号	轮盘级别	最大允许间隙	叶柄密封销直径	叶柄密封销图号
MS9001	1	0.212	0.222	287A7822P001
	2	0.172	0.182	219B6821P002
	2	0.192	0.202	219B6821P005
	3	0.172	0.182	219B6821P001
	3	0.192	0.202	219B6821P004

*　该型号的密封销已经作废，应升级到下一个最大尺寸。可能需要在维修车间对轮盘进行改造。

**　对于部分配置较老的动叶，可能无法升级到下一个较大的尺寸。

2. 叶片晃动校正

（1）轮盘燕尾喷涂改造。在不可更换叶轮的情况下，减少叶片晃动最有效的方法是对叶轮进行燕尾喷涂改造。该方法包括在燕尾槽顶部喷涂金属硬涂层，如图 14.4 所示，以红色显示叶轮上涂层的位置。然后，在安装叶片时，将硬涂层磨平，以达到叶片最小的晃动。榫头的材料增加使叶片榫头顶部和叶轮燕尾槽底部之间的间隙变小，随着间隙减小，叶片晃动受到限制。在这种情况下，叶轮内的材料减少，从而减少材料从叶轮中掉落。由于涂层施涂于空载表面，因此在操作过程中不会影响叶轮上的叶片负载。轮盘喷涂法的缺点是其通常需要较长的停机时间，因为必须将转子从机组上拆下并送至 GE 维修车间。轮盘喷涂后，应在每次大修时继续监测叶片晃动和叶轮磨损。在使用过程中，叶轮会继续磨损，涂层可能会脱落，需要重新涂覆涂层。

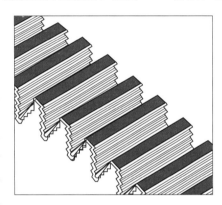

图 14.4　轮柱喷涂

（2）叶片燕尾喷雾改造。此方法是在叶片榫头的非负载侧涂上少量的硬涂层。此涂层与轮盘外端面涂层一样可以减小动叶的晃动，但不会持续太久。在盘车一段时间后，叶片上的硬涂层衬垫磨损到叶轮上，晃动减少。只有在因时间限制不允许执行叶轮固定时，才建议采用此方法。

3. 叶片更换

由于材料缺失发生在叶轮榫头上，更换叶片通常不是一个有效的解决办法。只有在新叶片允许使用的销比旧叶片更大的情况下，才建议这样做，然后使用新销对新叶片重复间隙测量。如果叶轮喷涂涂层不用于减少晃动，则叶轮榫头将继续磨损，过大的平台间隙将恢复。

4. 叶轮腐蚀

低利用率的机组可能会遇到轮盘榫头腐蚀问题。榫头上的腐蚀会导致叶轮更快地磨损和点蚀，可采用 CC1 涂层来防止这种腐蚀点蚀。叶轮磨损测量不会测量由于腐蚀导致的榫头表面的点蚀。

案例 15

E 级燃机的螺纹紧固类螺栓断裂

适用范围

6B.03，7E.03，9E.03 和 9E.04 四类机型中满足以下条件中的任意一项：

（1）2015 年 2 季度至 2018 年 1 季度期间的新造机组。

（2）2015 年 2 季度至 2018 年 1 季度期间下订单或已购买表 15.1 中零件的机组。

（3）2015 年 2 季度至 2018 年 1 季度期间，送修至 GE 修理工厂或者收到 GE 修理工厂返修件中含有表 15.1 中零件的机组。

表 15.1　　　　　　　　　　需要更换的紧固件列表

机型	紧固件零件号	单件名称	组件中的零件数量	图片	组件名称	换件节点	每台机的零件数量
6B.03	357A1759P001	十二点螺母	2 个/套	图 15.1	过渡段	第一个小修	20 个/套
	N733CP23040	十二点螺栓	5 个/套	图 15.2	二次喷嘴	第一个小修	50 个/套
7E.03	357A1759P001	十二点螺母	2 个/套	图 15.1	过渡段	第一个小修	20 个/套
	N733CP29048	十二点螺栓	4 个/套	图 15.2	二次喷嘴	第一个小修	40 个/套
9E.03	357A1759P001	十二点螺母	2 个/套	图 15.1	过渡段	第一个小修	28 个/套
	N733CP29048	十二点螺栓	3 个/套 4 个/套	图 15.2	二次喷嘴	第一个小修	42 个/套 56 个/套
	N733CP44064	十二点螺栓	2 个/套	图 15.3	持环	第一个中修	2 个/套
9E.04	357A1759P001	十二点螺母	2 个/套	图 15.1	过渡段	第一个小修	28 个/套
	N733CP29048	十二点螺栓	4 个/套	图 15.2	二次喷嘴	第一个小修	56 个/套

案例背景

2018 年 2 季度，某台 GE 重型燃机燃烧系统中一个螺栓断裂造成了该台燃机的非计划检修。解体的零件导致下游透平部件的损坏，造成螺栓断裂的首要原因是紧固件供应商的制造工序不合规。受影响的零件包括燃烧系统、热通道以及缸体结合面的螺纹螺栓、六点螺栓、十二点螺栓、十二点螺母、防转销。

建议及措施

　　为了降低对燃机可利用率的影响，表 15.1 中的所有紧固件，无论是已装机的，还是库存中的备件，都需要在相应时间节点进行更换。

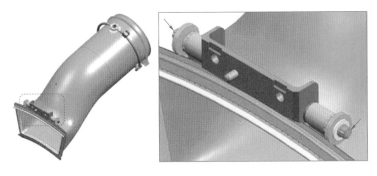

图 15.1　典型的过渡段组件需要更换的螺母（357A1759P001）

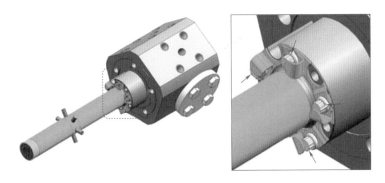

图 15.2　典型的二次喷嘴组件需要更换的螺栓（N733CP23040）

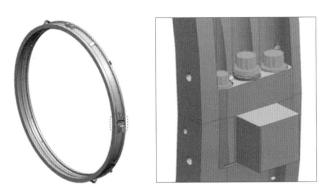

图 15.3　典型的持环组件需要更换的螺栓（N733CP44064）

案例 16——
联焰管泄漏

适用范围

所有燃机。

案例背景

在某些 GE 燃机燃烧室布置中，联焰管设有一个密封环，此密封环为带压密封结构，可防止高温压缩机排放的空气泄漏到透平室，并允许相邻燃烧室之间的热膨胀。图 16.1 和图 16.2 为联焰管密封圈位置示意图。

图 16.1 联焰管密封圈位置

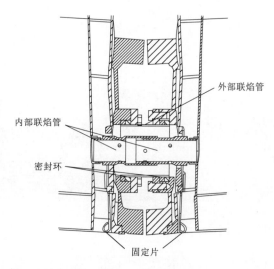

外部联焰管
内部联焰管
密封环
固定片

图 16.2 标准联焰管组件

密封环故障导致的舱室温度升高可能引发强制停运状态。联焰管密封环失效的与密封环中所用石墨零件厚度公差、氧化抑制剂的数量和石墨纯度有关。波纹管式的联焰管不出现类似情况。

建议及措施

当燃机点火运行时，除非必要，所有人都应禁止进入透平间。建议对现有部件进行如下更换：

（1）停止使用固体未切割的密封环（图号 287A1614P001、287A1614P002）和分离式密封环（图号 287A1614P003）。使用新式密封环（图号 287A1614P004）。

（2）如果停机时间较短，可以使用图号为 287A1614P005 的密封环，其具有拆装方便、燃烧部件拆装最少的优点。但有机会还是应该更换为图号 287A1614P004 的密封环。

（3）新部件 287A1614P004 和 287A1614P005 的公差规格、石墨纯度和氧化抑制剂做了改进。

（4）现有的 287A1614P001、287A1614P002 和 287A1614P003 部件应从库存中删除，不再使用。

第4章 燃机辅助设备

案例 17

天然气 Y 型过滤器破损造成燃烧器堵塞

适用范围

在燃料模块中使用 Y 型过滤器的 6B、6FA.01、6FA.03、9E 和 9E.03 重型燃机。

案例背景

在某些机组上，气体燃料模块在 SRV 上游配备永久 Y 型过滤器，过滤上游天然气管道中可能存在的杂质。典型的燃料模块布置如图 17.1 所示。

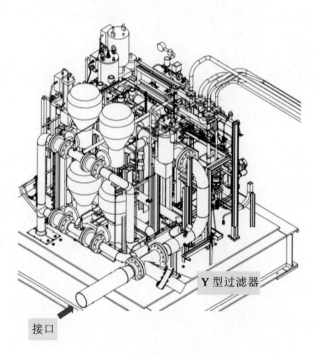

接口

Y 型过滤器

图 17.1 典型的燃料模块布置

一些电厂燃料模块 Y 型过滤器发生破损，损坏的滤网导致下游部件（即燃气喷嘴等）受到污染/堵塞（图 17.2），导致强制停机。进一步分析表明，滤网破损可能是以下原因

· 32 ·

造成的：

  （1）由于排污操作不当导致过滤器中有逆流通过。

  （2）残余的空气造成爆燃，导致过滤器内部高温。

  （3）精细网孔粘接不足（适用于任何逆流情况）。

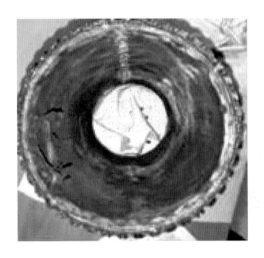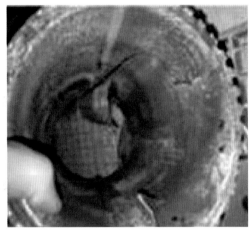

图 17.2　Y 型过滤器堵塞

建议及措施

  建议在下次检修时，用新的加固滤网替换现有滤网，以承受高温和逆流。

案例 18
DLN1 清吹阀泄漏和三通阀方向错误

适用范围

  配置 DLN1 燃烧器的机组。

案例背景

  一些配置 DLN1 燃烧器的机组，多次从 Lean - Lean 模式切换至预混合模式后发现燃烧器硬件损坏。检查后确定两个清吹阀都泄漏，清吹阀内腔压力开关关闭，使气体回流到燃烧室。现场调查发现，两个清吹阀（VA13 - 3 和 VA13 - 4）都处于关闭位置，但泄漏严重。此外，三通阀方向错误，因此，系统绕过了保护程序（该程序会中止转换到预混合模式，并进入长时间稀稀模式）。这些促成因素使得气体燃料回流到燃烧包层中，并在燃烧室衬套和流动套筒之间燃烧。

建议及措施

（1）确认三通阀方向正确。如果方向不正确，可在装置在线时调整三通阀。一旦确定方向，三通阀应标有匹配标记（图18.1中的黄色油漆），作为将来拆卸/安装的预防措施。阀门手柄上红色圆圈的箭头应指向相反的流动方向。

图18.1　匹配标记的三通阀方向正确

（2）中修或3年间隔期（以先到者为准），应拆除清吹阀，全面检查/翻新。

（3）每年对清吹阀进行泄漏试验。应根据规范［《机组检查维护规范》（GEK 120870）］对清吹阀（VA13-3和VA13-4）进行压力测试。需要检查清吹阀腔间压力开关（63PG-2）并验证阀门安装正确。

案例19
电磁阀故障

适用范围

适用于使用Leslie公司产品的防喘抽气阀电磁阀（20CB）和燃气排气电磁阀（20VG）。

案例背景

电磁阀在重型燃机各个系统中广泛应用。这些电动阀门通过仪用空气控制设备，在某些情况下也用于控制某些系统上的流体流量。

最近有一些使用Leslie电磁阀的机组，20CB-1和20CB-2（防喘抽气阀电磁阀）在运行中发生故障将造成防喘抽气阀开启，并导致机组跳闸。20CB简图如图19.1所示。这些电磁阀也被用于20VG-1和20VG-2（燃料模块放散阀）。通过分析，这些故障电磁阀线圈电路有缺陷。受影响电磁阀主要是在2011年5月—2012年5月生产，其型号及序列号如下：

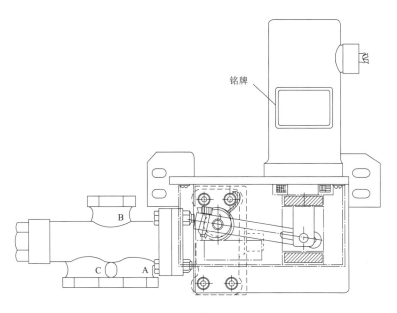

图 19.1　20CB 简图

Leslie 模块号：SCH
部件号：06612CMX9
FM 模块号：SC1B – VAR – E10
批量序号：1121 – 1213
电磁阀系列号：SC6889 – SC7642
序列号及其位置如图 19.2 所示。

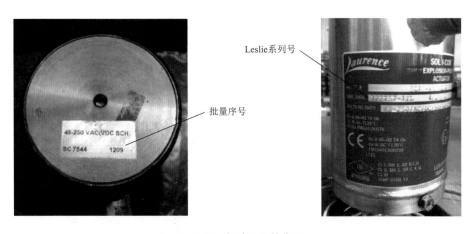

图 19.2　序列号及其位置

建议及措施

建议检查 20CB 和 20VG 电磁阀的电磁线圈序列号是否在上述提供的序列号范围内。

（1）如果序列号不在受影响的范围内，则无须进一步处理。

（2）如果序列号确实在受影响的范围内，则需更换电磁阀。

案例 20
主液压油泵出口压力突降

适用范围

主液压油泵由齿轮箱传动的 9E 燃机。

案例背景

9E 燃机液压油系统配置了一台主液压油泵，该泵与燃机主轴驱动的减速齿轮箱相连接；一台交流电机驱动交流辅助液压油泵。机组启动时由交流辅助液压油泵向 IGV 执行机构、SRV、GCV 提供液压油。机组全速后，主液压油泵投入运行，交流辅助液压油泵停运。

主液压油泵运行与减速齿轮箱之间依靠尼龙材质的齿形联轴器传动，这是为了避免液压油泵故障、卡涩的情况下对减速齿轮箱造成损伤。

9E 燃机机组运行期间多次发生液压油压突降，交流辅助液压油泵联启。停机后对主液压油泵解体检查发现，齿形联轴器磨损（图 20.1）、断裂。造成故障的原因主要包含以下方面：

（1）主液压油泵未安装到位，泵与减速齿轮箱的转轴有过大的间隙，造成主液压油泵与齿形联轴器接触面偏小，运行时造成齿形联轴器磨损。

（2）控制油含有杂质，引起油泵卡涩，如图 20.2 所示。过大的扭矩造成齿形联轴器断裂，如图 20.3 和图 20.4 所示。

图 20.1　联轴器磨损

图 20.2　泵体杂质引起的划痕

图 20.3 断裂的齿形联轴器   图 20.4 联轴器碎片

建议及措施

（1）加强润滑油油箱过滤频次。

（2）定期更换润滑油及液压油油滤。

（3）每 24000h 检查主液压油泵及齿型联轴器状况。

（4）每 24000h 进行一次润滑油油箱清理。

第2篇
9F 燃机篇

案例 21————
压气机排气缸和透平缸涂层剥落堵塞第 1 级喷嘴

适用范围

压气机缸和透平前缸中有锌涂层的所有 7FB.01、9FB.01、6C 燃机。

案例背景

压气机排气缸和透平缸是转子装置结构的一部分，其缸体铸件内部表面涂有无机锌，以保护部件在采购和部件制造过程中免受锈蚀和腐蚀。图 21.1 显示了加工和最终装配后可能保留无机锌涂层的典型区域（红色）。

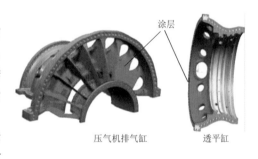

图 21.1　压气机排气缸和透平缸的
无机锌涂层区域

在计划检查期间，透平的 S1N 前缘显示出损坏迹象。进一步检查显示，几个叶片前缘冷却孔已经完全或部分堵塞，如图 21.2 所示。

（a）前缘损坏

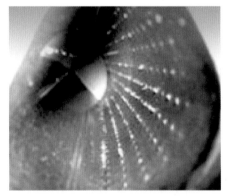

（b）冷却孔堵塞

图 21.2　S1N 的损坏情况

分析表明，压气机排气缸和透平缸内表面的剥落锌涂层可能导致冷却孔堵塞，而且锌还可能熔化并阻塞内部冷却通道，如图 21.3 所示。

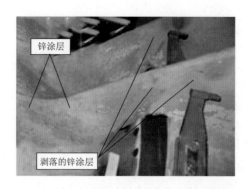

图 21.3　从压气机排气缸支柱剥落的无机锌涂层

建议及措施

（1）在计划检修时，转子吊出后，去除压气机排气缸和透平缸内表面锌涂层。

（2）不可使用金属刷手工打磨去除锌涂层，因为锌尘有爆炸或火灾的可能性，考虑到用金属刷打磨会产生火花，发生爆炸的风险更高。

（3）采用氧化铝砂砾或砂喷射的方法清除锌涂层，并要注意：

1）确保充足的空气流通和工作速度足够慢，以保持良好的能见度。

2）在喷砂前保持透平和涂层干燥。

3）系统接地，消除静电。

（4）在转子吊出后方可进行氧化铝砂砾或砂喷射。如果转子尚未吊出，则砂砾介质可能会污染转子的冷却回路。

（5）对于以前从上半部分外壳和下半套管中去除锌涂层的装置，无须进一步操作。一旦从压气机排气缸和透平缸内部表面去除这些涂层，就可以标记为完整。

案例 22
F 级 17 级静叶损坏

适用范围

所有 7F.03、7F.04、7FB 和 9F.05（9FB）机组。

案例背景

早期 F 级燃机的压气机在环境温度低和部分负荷等特定条件下，由于内壁镗孔的存在，运行中可能导致 17 级静叶（S17）上的气流分离。建议安装堵头并修改控制系统，以减少叶片翼尾故障。

1. 焊接螺栓配置（早期配置）

2004 年，采用新型的 S17 护环，负载控制逻辑没有任何限制。护环配置包括一个堵头，可减少气流分离，实现更均匀的气流。S17 榫舌使用螺栓和衬套固定在护环上，其中

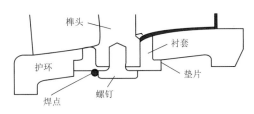

图 22.1　使用焊接螺栓进行机械连接的
尖端静叶配置

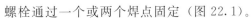

螺栓通过一个或两个焊点固定（图 22.1）。

这种 S17 护环配置（2004 年推出）包括衬套、垫圈和螺栓，其中螺栓被焊在衬套的顶部，以用作 2 级螺栓锁定功能。

一些机组在计划的内窥镜检查或目视检查时，在机组停机期间发现 S17 护环的螺栓、静叶以及衬套损坏（图 22.2 和图 22.3）。损坏的特点是螺栓松脱，造成衬套脱落，并导致叶片磨损。磨损的原因可能包括：

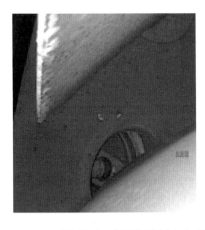

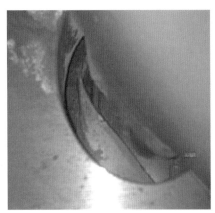

图 22.2　焊接螺栓时在内窥镜检查过程中观察到的衬套损坏

（1）焊接导致螺栓变形，螺栓预紧力减小。

（2）衬套、垫圈和榫受力并相对运动。

叶片和衬套之间的过度磨损可能导致 S17 从护环分离，叶片将充当悬臂，增加叶片上的应力。随着时间的推移，这种情况会带来风险，导致相邻叶片的二次损坏，并可能导致向前移到 R17 叶轮中。

2. 锁紧螺栓配置（2008 配置）

2008 年，引入了带锁紧螺栓（图 22.4）代替焊接螺栓的 S17 方案，以帮助防止螺栓因焊接失去预紧力。此外，由于衬套的尺寸增加，垫圈被消除。

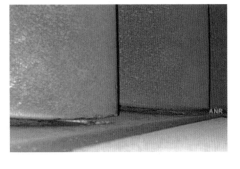

图 22.3　在内窥镜检查期间观察到的
S17 尖端的典型磨损

在拆除带锁紧螺栓的 S17 之后（图 22.5），发现多个 7F 和 9FB 机组出现缺陷，在衬套、静叶、叶片和缸体发现磨损（图 22.6），但螺栓仍然有紧力。

造成损坏的原因如下：

（1）衬套之间的相对运动和由流量引起的振动导致衬套磨损。

（2）衬套材料（316SST）在静叶中受到磨损。

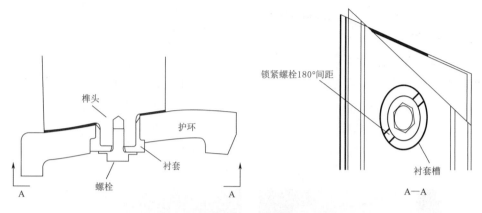

图 22.4 机械连接尖端静叶配置与螺栓

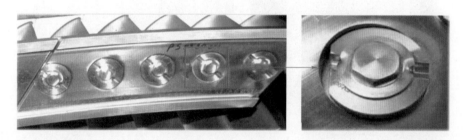

图 22.5 带锁紧螺栓

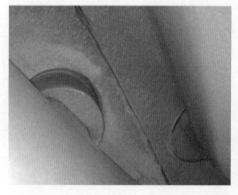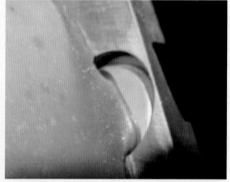

图 22.6 内窥镜检查发现带锁紧螺栓配置的 S17 衬套损坏

（3）衬套磨损会导致额外的静叶运动并最终导致静叶磨损。

（4）环境温度低和部分负荷条件，磨损可能会加速。

3. 带更换衬套材料的锁紧螺栓配置（2016 配置）

2016 年，将衬套材料更改为钴铬基合金，磨损得以改善。在每年对 9FB 机组进行内窥镜检查时，更换新材料的衬套的 S17 仍发现有磨损（图 22.7），此时机组运行了大约 18500h。之后的调查发现，所选材料由于应用的热范围不同，所选静叶和衬套之间的材料匹配没有达到预期效果。

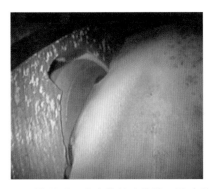

图 22.7　内窥镜检查发现 S17 中的带螺栓配置（2016 年配置）出现裂缝

建议及措施

　　所有连接衬套类型的 S17 检查可在 CDC 吊出或未吊出期间进行。

　　（1）检查程序 1——当 S17 未拆出时：在小修或中修期间，若 CDC 缸未吊，建议进行内窥镜检查。在内窥镜检查过程中，建议检查全部的 S17 有无损坏迹象。可以沿叶片向衬套区域（图 22.2、图 22.6 和图 22.7）或静叶孔（图 22.7）或叶片尖端与静叶之间（图 22.3）进行检查来观察损坏情况。

　　（2）检查程序 2——当 S17 拆出时：在大修或中修期间 CDC 缸吊出时，建议目视检查衬套磨损的磨损情况（图 22.8）、隔板损坏、静叶孔椭圆形（图 22.9）以及叶片尖端和静叶之间的磨损。在某些情况下，衬套可能会分离。对 S17 下半部分进行拆卸或内窥镜检查。

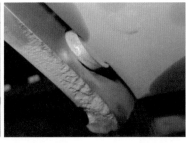

图 22.8　揭缸时在配置锁紧螺栓的 S17 观察到的磨损

图 22.9　揭缸时在带更换衬套材料的锁紧螺栓的 S17 观察到的磨损

　　（3）如果在检查程序 1/2 期间发现严重的损坏、裂纹、衬套分离或椭圆形静叶孔，必须对损坏情况做好文字和图片记录。如果未发现任何损坏，则不建议采取纠正措施。

（4）如果在检查中发现磨损，仅需将 S17 损坏的部件用最新的 S17 静叶段（2016 配置）替换，无需更换整个部件。S17 静叶段的所有配置都是兼容的，因此单个段可以替换为较新的配置。

案例 23
F 级入口导叶摩擦环损坏

适用范围

除 6F.01（6C）、7F.04 - 200、7F.05、9F.05、9F.05、9F.05 机组外的所有 6F、7F和 9F 燃机。

案例背景

图 23.1 F 级进口段示意图

在 F 级燃机上，压气机用于将进气压缩到燃烧系统的适当压力。允许进入压气机的空气量由位于压气机入口的入口导叶（IGV）确定。IGV 的驱动和转动在启动和停机期间保护燃机，在某些情况下，可提高热效率。图 23.1 是 F 级进口段的示意图。

对于 F 级燃机，IGV 叶片顶部通过齿轮和锁螺钉固定，底部通过锁片和衬套固定（图 23.2）。摩擦环（图 23.1 和图 23.2 中的蓝色半圆形部分）不起保护 IGV 的作用，但在推力轴承受损时，它可作为一种保护机制。

摩擦环的上半部分用两个螺栓固定在锁片上，下半部分漂浮在环段顶部，由摩擦环前侧的沟固定。这两个组件之间的接口如图 23.3 所示。考虑到摩擦环的安装，摩擦环和锁片之间留有一定的间隙。

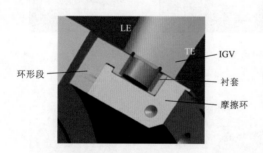

图 23.2 IGV 组件的内径

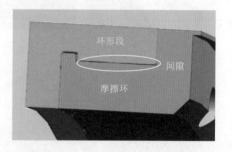

图 23.3 摩擦环和环段之间的接口

由于环段和摩擦环接口的间隙，摩擦环有可能转移到入口的一侧（即左、右、下）。如果发生这种情况，摩擦环可能会接触和摩擦 IGV 的内径后缘，并导致 IGV 的后缘开裂。IGV 后缘如图 23.4 所示，摩擦环如图 23.5 所示，IGV 与摩擦环边缘摩擦的示例如图 23.6 所示。

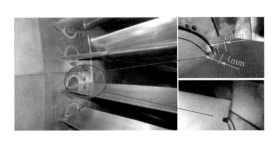

图 23.4　IGV 后缘　　　　　图 23.5　摩擦环　　　　　图 23.6　摩擦环上的
　　　　　　　　　　　　　　　　　　　　　　　　　　　　　　　　　摩擦标记

建议及措施

（1）在计划的内窥镜检查中，建议检查下半部分 IGV 和摩擦环有无摩擦迹象。如果发现摩擦，建议在 IGV 操作过程中经过的区域使用模具磨床进行局部研磨。此加工应仅在未满足最小后缘间隙规范的 IGV 上执行。

（2）如果发现摩擦，也建议对 IGV 进行检查。如果发现任何迹象，则建议更换 IGV。

（3）在大修期间，记录 IGV 前缘和后缘的间隙。如果下半后缘 X1 间隙低于间隙图中指定的限制（并发现环段和摩擦环之间的步进），则建议拆下摩擦环并加工外径。

（4）新型摩擦环可降低 IGV 摩擦环磨损的风险。在大修检查期间可根据工程建议对摩擦环的整个外径进行加工，或者将摩擦环替换为新零件。

案例 24
进气聚结过滤器滤芯破损

适用范围

由 Parker（以前为 Clarcor）提供的、聚结过滤器部件号为 221A3087P171 和 221A3087P571 的燃机。

案例背景

燃机进气过滤器的功能是为燃机提供清洁的空气，并最大限度地减少可能导致燃机部件受到侵蚀和腐蚀的空气中的污染物。聚结过滤器用于将小水滴并入较大的水滴中，然后排入介质或排出气流，从而去除可能进入进气系统的水（以及可能溶解于其中的盐或污染物）。

聚结过滤器破损可能引起空气旁路。测试表明，随着时间的推移，聚结过滤器的介质可能会将过滤器的滤网从过滤器框架中撕裂，如图 24.1 和图 24.2 所示。

图 24.1　聚结过滤器介质损坏

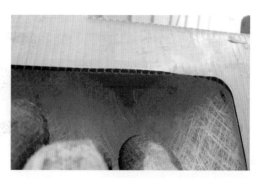

图 24.2　失效后的聚结过滤器

建议及措施

建议用金属型聚结过滤器更换 PN221A3087P171 和 221A3087P571 的过滤器：用 PN221A3087P188 取代 221A3087P171，用 221A3087P588 取代 221A3087P571。这些金属过滤器可以从入口过滤器房中去除、清洗和重复使用，而纤维型过滤器不能重复使用。

案例 25
F 级机组压气机入口侧叶片损坏

适用范围

所有 F 级燃机。

案例背景

GE 的 F 级燃机共有 18 级，从 0 级开始到 17 级。0 级动叶（R0）叶片的上游是 IGV，用于优化所有运行模式（启动、关闭、部分负荷和基本负荷运行）中的进气气流。每个转子级的下游是一个静叶级，它将气流引导到下一个转子级。

一些 F 级燃机在压气机前端出现故障，这种故障可分为三类：第一类是 R0 根部损坏；第二类是 R0 和 R1 叶片损坏；第三类是 0 级静叶（S0）后缘损坏。

1. R0 根部损坏

R0 根部损坏（图 25.1）的原因包括：

（1）R0 前缘根部异物或其他损坏。

（2）未按照 GE 设备操作与维护（O&M）手册检查和管理造成 R0 叶片前缘根部区域的水蚀。

（3）压气机入口腐蚀性元素物质导致叶片材料腐蚀。

压气机进气侧问题与启动或运行小时的相关性尚未明确，但裂纹一旦产生，就会在正

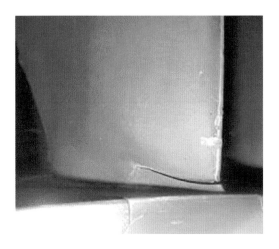
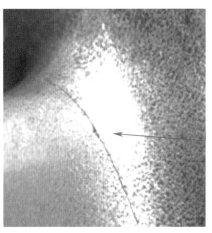

图 25.1　R0 根部损伤示例

常运行的启停循环中扩展。该区域的裂纹会在断裂之前进一步蔓延至 1.5″～3.0″。R0 叶片从叶根位置断裂将对燃机造成间接损坏。

2. R0 和 R1 叶尖损坏

在运行过程中，由于离心力（转子旋转）和热膨胀（转子加热），叶片和转子轮自然伸长。当缸体的膨胀与转子的径向膨胀不匹配时，转子叶尖会与压气机缸体发生摩擦。这些摩擦通常较轻微，但如果存在非正常的操作条件，则可能很严重。严重的叶尖摩擦是指在叶尖处产生卷边"毛边"（图 25.2），并可能产生导致叶尖材料性能退化的磨损。在这种情况下，随着频繁启停，会在 R0 和 R1 叶尖产生裂纹，随后进一步发展，并最终导致尖端角部断裂。如果发生叶片顶端材料缺失，则可能需要强制停机来修复受影响的下游叶片。

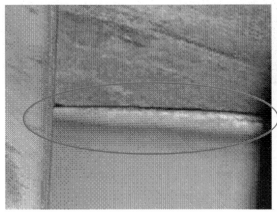

图 25.2　叶尖摩擦卷边"毛边"案例

虽然在正常操作过程中可能会发生一些摩擦，但必须限制严重的叶顶摩擦的次数和程度。以下因素可能会导致摩擦产生或使轻微摩擦变为严重摩擦：

（1）超速跳闸试验。如果不按照启动及超速试验相关要求进行超速跳闸试验，可能导致缸体变形。其中一种改进的试验方法包括在试验前完全打开 IGV 并保持 45min 以使机组充分暖机。

（2）启动程序不正确，启动时间更快。F 级机组设计从点火到全速空载（FSNL）的时间为 6～8min。机组启动超出控制程序规定可能会导致严重摩擦。

（3）打开透平间仓门。如《重型燃机运行维护注意事项》（GER 3620）所述，透平间通风系统在机组运行时负责调节缸体的温度。在运行中打开仓门会极大地干扰自然对流，从而使缸体变形。

（4）液体溢出套管。液体泄漏到压气机缸体上会导致缸体变形。因此，建议对透平间罩壳内管道进行常规维护，以确保没有泄漏。

（5）地基破坏。一些机组基础由于施工不当或沉降不均造成基础裂纹和支撑位移。这可能导致燃机缸体的机械变形和转子错位，引起摩擦。

（6）雨天运行。雨天运行设备包括蒸发冷却器和入口雾化器。如果未正确维护和操作相关设备，可能导致水滴进入设备。这些水滴会在入口表面聚集，导致入口喇叭口和压气机缸体局部受热变形，此外还会腐蚀 R0 前缘根部位置。压气机入口的任何可见水源（在线水洗和离线水洗除外）都可能产生这种影响，包括雨水进入和蒸发冷却器集水坑溢出。因此，必须正确检查、维护和操作这些设备。

3. S0 后缘裂纹

内窥镜检查或计划大修期间，在 S0 后缘发现裂纹，如图 25.3 所示。裂纹位置从叶片根部到大约 50％跨距不等。通常在一个叶片上观察到多个裂纹，一个单元中可能有多个叶片开裂。开裂的 S0 需要立即更换，因为这些裂纹有扩散至断裂的风险。

图 25.3 S0 后缘裂纹示例

大多数开裂的叶片都位于 6 点钟位置的节段中，但也不仅限于此位置。裂缝是由启动造成的。

建议及措施

建议采用以下维护程序，以降低压气机前端损坏的风险：

（1）目视检查 R0 叶根位置、R0/R1 叶尖位置和 S0 叶片后缘位置，如图 25.4 所示。

（2）R0 根部位置的 NDT。

（3）R0/R1 尖端位置的 NDT。

（4）S0 后缘位置的 NDT。

对于 7F/9F 压气机，所有检查都可以在不拆除外壳的情况下通过进气室进行。对于 6F 压气机，无法通过进气口对 S0 后缘和 R1 叶尖进行 NDT。6F 压气机的建议 NDT 频率为大修周期。6F、7F 和 9F 压气机的建议检查见表 25.1 和表 25.2。

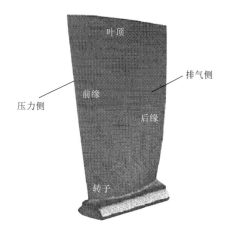

图 25.4　叶片示意图

表 25.1　　　　　　　　　　　　　6F 压气机的建议检查

6F 压气机	目视或内窥镜检查	R0 叶根 NDT	R0 叶顶 NDT	R1 叶顶 NDT	S0 NDT
非增强型压气机	每年	大修	大修	大修	大修
增强型压气机包 1	每年	大修	大修	大修	大修
增强型压气机包 2	每年	—	—	大修	大修
增强型压气机包 3/4	每年	—	—	大修	—
增强型压气机包 5	每年	—	—	—	—

表 25.2　　　　　　　　　　　　　7F/9F 压气机的建议检查

7F/9F 压气机	目视或内窥镜检查	R0 叶根 NDT	R0 叶顶 NDT	R1 叶顶 NDT	S0 NDT
非增强型压气机	每年	每年	每年	每年	每年
增强型压气机包 1	每年	每年	每年	每年	每年
增强型压气机包 2	每年	—	—	每年	每年
增强型压气机包 3/4	每年	—	—	每年	—
增强型压气机包 5	每年	—	—	—	—

1. 目视检查：所有 F 级压气机

压气机前端的目视检查应作为年度内窥镜检查的一部分，每年进行一次。

在 R0 前缘根部位置，检查有无裂纹、刻痕、凹痕或侵蚀/腐蚀点蚀。该位置的裂缝在断裂前可能会增长到 3.0″，并且在没有 NDT 的情况下也可以看到。

在 R0/R1 叶顶位置，目视检查是否有缺失的尖端材料、腐蚀坑、可见裂纹、"毛边"

和其他磨损迹象。尽管叶顶任何部位材料都存在缺失可能性，但其通常发生在 R0 后缘尖端和 R1 前缘尖端。

在 S0 后缘位置，目视检查有无裂纹。裂纹可能位于根部和大约 50% 的跨度之间。

目视检查时：

（1）如果观察到 R0 根部裂纹，立即对所有 R0 根部位置进行 NDT。如果存在 R0 根部裂纹，并且 NDT 已确认，则禁止机组启动。

（2）如果观察到叶尖角损失，应在第一时间对整个压气机进行内窥镜检查。

（3）如果观察到 S0 后缘裂纹，立即对所有 S0 后缘进行 NDT。如果存在 S0 后缘裂纹，并且 NDT 已确认，则禁止机组启动。

（4）R0 根部、R0/R1 尖端和 S0 后缘区域的无损检测可代替目视检查。

2. 非增强 R0 叶片的无损检查

根据以下条件对 R0 根部位置执行初始 NDT（这些建议仅适用于非增强 R0 叶片）：

（1）安装有标准 R0 叶片（非 P 型切割）的扩口 F 级压气机。

1）在 R0 叶片达到 50 次有火启动后进行目视检查。

2）目视检查后，在 20～30 次有火启动之间，对 R0 叶片前缘根部位置执行 NDT，或每 25 次有火启动继续目视检查，直到可以执行 NDT。

3）如果存在 R0 根部裂纹，并经 NDT 确认，禁止机组启动。

4）对于 7F/9F 机组，建议对 R0 叶片根部位置进行 NDT，作为年度内窥镜检查的一部分。

5）对于 6F 机组，建议对 R0 叶根位置进行 NDT，作为大修的一部分。

（2）安装有 P - cut R0 叶片的扩口 F 级压气机。

1）在 R0 叶片达到 50 次有火启动后进行目视检查。

2）在目测检查后的下一次 50～100 次实际点火开始时，对 R0 根位置执行 NDT。

3）如果存在 R0 根部裂纹，并且 NDT 已确认，禁止机组启动。

4）对于 7F/9F 机组，建议对 R0 叶片根部位置进行 NDT，作为年度内窥镜检查的一部分。

5）对于 6F 机组，建议对 R0 叶根位置进行 NDT，作为大修的一部分。

（3）非扩口的 F 级压气机。

1）对于 7F/9F 机组，建议对 R0 叶片根部位置进行 NDT，作为年度内窥镜检查的一部分。

2）对于 6F 机组，建议对 R0 叶根位置进行 NDT，作为大修的一部分。

3）如果存在 R0 根部裂纹，并经 NDT 确认，禁止机组启动。

3. 非增强型 R0/R1 叶尖无损检测

根据以下标准对 R0、R1 叶尖区域执行 NDT：

（1）目视检查或常规内窥镜检查中，在 R0、R1 叶尖上未发现摩擦迹象的 F 级机组。

1）如果实际点火总次数超过 100 次的机组上没有摩擦迹象，则无须采取进一步措施。

2）对于实际点火次数少于 100 次的机组，在累积 100 次实际有火启动后，在下一次计划大修时，重新对 R0/R1 叶尖区域进行目视或内窥镜检查。

（2）目视检查或常规内窥镜检查中，在 R0/R1 叶尖上发现摩擦迹象的 7F/9F 级机组

1）如果存在摩擦，则从发现摩擦条件开始，在 25 次、50 次和 100 次有火启动时对 R0/R1 叶尖区域进行 NDT，以验证是否未形成叶尖裂纹。

2）如果存在卷边"毛边"、裂纹和/或叶顶缺失，应在第一时间完成修理。在修理完成之前，应每 12 次有火启动对 R0/R1 叶尖区域进行 NDT，以避免叶尖角部缺失。可能需要进行叶尖研磨，以将叶片间隙调整到最新的设计径向间隙，以防止将来发生摩擦。维修完成后，从维修开始，在 25 次、50 次和 100 次有火启动时对 R0/R1 叶尖区域进行 NDT，以验证没有形成叶尖裂纹。

3）初始检查和维修完成后，继续对 R0/R1 叶尖进行 NDT，作为年度内窥镜检查的一部分。

4）如果怀疑机组处于腐蚀环境中，且机组没有配备 S0 和 S1 统一的叶片间距，建议每 40~50 次对 R0/R1 叶尖进行 NDT，同时检查叶片上是否有腐蚀坑以及任何其他裂纹。

（3）6F 机组目视检查或常规内窥镜检查中，在 R0/R1 叶尖上发现摩擦迹象的机组。

1）如果存在摩擦，发现摩擦情况后，在下一次揭缸时，对 R0/R1 叶尖区域进行 NDT，以验证叶尖是否存在裂纹。

2）如果存在"毛边"、裂纹和/或尖端损失，应在第一时间完成修理。可能需要尖部研磨来调整叶片间隙，以防止再次发生摩擦。维修完成后，对 R0/R1 叶尖区域进行 NDT，以确认叶尖没有形成裂纹。

3）初始检查和维修完成后，继续在大修时对叶尖进行 NDT。

4. 非增强型 S0 后缘 NDT

根据以下标准对 S0 后缘区域进行 NDT（这些建议仅适用于非增强的 S0 叶片）：

（1）喇叭口 7F 和 9F 压气机。

1）在年度内窥镜检查时对 S0 叶片进行 NDT。应检查每个 S0 叶片的整个后缘，包括压力侧和吸入侧。

2）如果在 S0 叶片上观察到裂纹，建议更换整个级。

（2）喇叭口 6F 压气机。

1）在大修时对 S0 叶片进行 NDT。应检查每个 S0 叶片的整个后缘，包括压力侧和吸入侧。

2）如果在 S0 叶片上观察到裂纹，建议更换整个级。

（3）非扩口 F 级压气机无需对压气机进行 S0 检查。

5. 腐蚀性环境问题：所有 F 级压气机

腐蚀对压气机有两个风险：第一，腐蚀点蚀可能导致叶片损坏；第二，定子环段腐蚀可能导致叶片卡在环内，导致阻尼损失。腐蚀性环境包括但不限于：

（1）过滤介质严重损坏、退化或持续潮湿。

（2）入口和上游部件/结构有腐蚀迹象。

（3）入口或过滤介质上有可见的任何沉积物/残留物的迹象。

图 25.5　腐蚀的过滤元件

经验表明，裂纹可以从叶片上的腐蚀坑开始。开裂可能性取决于叶片的尺寸、严重程度和位置。腐蚀的过滤元件（图 25.5）有关操作环境、安装、操作、维护进水系统与减蚀水系统的详细指南可参考以下文件：①《入口过滤器室的操作和维护》（GEK 111330）；②《燃气轮机进气规范》（GEK 116269）；③《空气蒸发冷却器的操作和维护建议》（GEK 111331）；④《燃气轮机进气管道和增压室的操作和维护建议》（GEK 111332）；⑤《用于减少腐蚀的水去除系统》（TIL 1622）；⑥《燃气轮机空气过滤器室的维护和检查要求》（TIL 1518）。

6. 所有 F 级压气机

R0 根部和 R0/R1 叶片尖端的目视检查应在 20～50 次启动之后进行，检查可在压气机揭缸、出现重大运行偏差、机组检修、重新调整和 R0 更换时进行。

案例 26
F 级机组压气机 0 级动叶腐蚀和水侵蚀

适用范围

所有 F 级燃机（不包括 7F.05）。

案例背景

作为 F 级燃机压气机中最前端的旋转叶片，R0 是第一个接触空气中的物质的叶片（图 26.1）。除了可能造成直接和实质性冲击损伤的固体物体外，吸入的液体和液滴也可能影响叶片，但影响的程度会更缓慢，称为累积侵蚀。累积侵蚀主要沿 R0 前缘（图 26.2）。

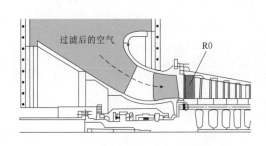

图 26.1　喇叭口及压气机前端示意图

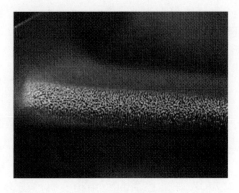

图 26.2　R0 前缘腐蚀

运行期间通过燃机压气机入口吸入的常见水源包括在线水洗、雾化/喷淋系统输出和蒸发冷却系统遗留物。水的吸入也可能是由其他来源引起的，例如雨水通过受损的入口管道密封件或发生故障的辅助设备泄漏。

前缘冲蚀通过形成密集的表面凹坑网络（图 26.3）降低了叶片的材料性能，并导致压气机事件强制停机，裂纹从 R0 叶片根部的腐蚀坑开始。

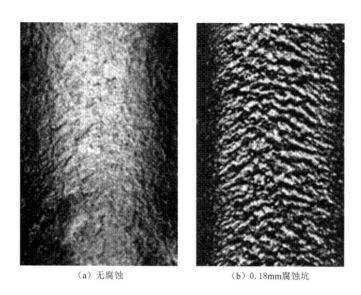

（a）无腐蚀　　　　　　　　　（b）0.18mm腐蚀坑

图 26.3　腐蚀检查

建议及措施

腐蚀量化方法是通过模具压痕和 GE 提供的评估这些模具的流程。在腐蚀累积达到退化极限之前，需要更新前缘表面。通常情况下，可在大修期间进行，但也需要定期进行检查，以确认腐蚀量在范围之内。

1. 在线水洗

压气机污垢是由于空气污染物沉积到压气机流道表面而导致的，它会造成空气动力效率的下降，从而影响燃机的性能。因此必须对压气机进行水洗，以将污垢影响降至最低，并保持所需的输出水平。然而，在线进行的水洗会以较高的相对速度将水滴注入压气机，从而造成 R0 前缘腐蚀。

建议对在线水洗系统进行改造，以减少冲击 R0 前缘根部位置（易受侵蚀开裂的区域）的水量。通过这种改进，腐蚀率得到改善，但仍需要特殊的维护间隔。GE 现在已经设计并验证了一种新的在线水洗系统（图 26.4），该系统造成 R0 根部的腐蚀最小，并且在长达 1000h 的累计清洗时间内无须维护。使用该系统可以每天水洗（15min/48h），在计划的主要检查间隔之前，无须进行 R0 侵蚀维护。新设计已通过加速现场试验进行验证，确认了侵蚀率的降低，同时可保持与基线系统相同的清洁效果。该系统已引入 GE F 级燃机生产，并为现场设备进行系统升级改造。

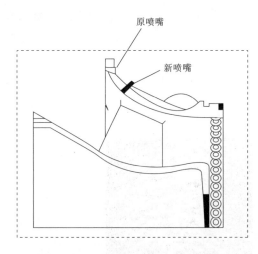

图 26.4　升级后重新布置和重新设计的
在线水洗喷嘴

对于仍使用早期在线水洗系统的 F 级机组，应在在线水洗的定期间隔内，通过对 R0 前沿根部位置的模具压痕来检查腐蚀程度。

在线水洗应根据预估的性能衰减以及对前端压气机的环境影响进行。当污垢沉积物含有腐蚀性元素时，清洗可以帮助减少腐蚀性侵蚀。

在线水洗持续的时间和频率一般如下：

（1）对于配备 Gen1 在线水洗系统和非增强型 R0 叶片的设备，为 5min/48h 点火。

（2）对于配备 Gen2 在线水洗系统或增强型 R0 叶片的设备，为 15min/48h 点火。

建议执行上水水洗时间来降低侵蚀率和性能衰减。根据最小的性能衰减或腐蚀情况，操作员可自行决定缩短清洗时间或延长清洗间隔。更长或更频繁的水洗反而可能导致更大的腐蚀速率以及更频繁的维修。

2. 入口雾化/喷淋运行

进入压气机的水可能来自入口雾化系统。系统将水滴引入气流中，这些水滴可能会汇流并导致 R0 前缘腐蚀。侵蚀率将根据喷淋比、维护实践和操作频率而变化。对于使用雾化系统的装置，建议按照"组合式注水系统操作"中的规定，依据累计运行小时数定期使用模具压痕和 FPI 检查 R0 叶片。

3. 蒸发冷却器操作

尽管蒸发冷却器系统的目的在于冷却空气并引入水分（而不是水滴）以提高质量流量和效率，但该系统的意外携带水可能会造成 R0 腐蚀。建议对蒸发冷却器进行监控，以确保其正常运行。是否携带水可通过检查过滤器进水室或喇叭口区域的水渍、水坑或条纹；过滤器或自行车甲板材料上的沉积物；过滤器或自行车甲板材料缺失、损坏或错位等现象判断。

R0 腐蚀模具和 FPI 应在蒸发系统累计运行 100~300h 时进行。对于已确定的带水部件，应在此间隔或根据模具压痕确定的时间间隔重复检查。如果没有明显的腐蚀，并且持续检查蒸发系统未产生遗留物，则无须持续进行 R0 模具检查。

4. 湿进口联合运行

对于许多电厂可能会使用的组合式水注入系统，R0 侵蚀检查应包括模具压痕和 FPI 检查，并应在累计入口注水运行时间达到 100h 时执行，其计算公式为

$$组合注水时间 = 4A + 0.1B + C + 0.22D + E$$

式中：A 为在线水洗小时数；B 为在线水洗小时数；C 为雾化器小时数；D 为喷雾小时数；E 为蒸发小时数。

A 属于传统在线水洗系统，B 属于升级后的在线水洗系统，C 适用于非 GE 雾化器，D 适用于 GE 雾化/SPRITS 系统，且 E 仅适用于存在遗留物或蒸发冷却器系统未按照

TIL 1285 和 TIL 1399 进行调试或维护的情况。

由此可以看出，如果应用了升级后的在线水洗系统，并且已经调试和维护了蒸发冷却器，那么重复的模具检查主要取决于雾化/喷淋操作的累积。根据制造商、年份、系统调整和修改，这些系统可能具有显著的可变性。因此，在初始检查之后，参数 C 和 D 可根据 GE 处置情况进行调整，见表 26.1。

表 26.1 的间隔建议不适用于 p - cut R0 叶片的机组。对于这些叶片，腐蚀修复可以在主要检查间隔或更早的时间进行。

可以预见，入口注水操作将导致一定程度的 R0 腐蚀，在这种情况下，可以缩短后续检查的时间间隔，甚至停止进一步的注水操作。其目的是避免持续腐蚀超过断裂风险阈值。设计分析和现场经验确定了 0.008″腐蚀深度下的阈值。

表 26.1　　　　　　　　　　　　注水调节的标准 R0 检查指南

参数	系统	使用指南	独立模具检查间隔
A	传统在线水洗系统（1 代）	5min/48h	每周或每年 23～30h
B	升级后的在线水洗系统（2 代）	15min/48h	1000h 在线水洗或 MI&apos；s
C	非 GE 雾化器	不适用	100h 雾化（可根据初步检查进行调整）
D	GE 雾化/喷淋	根据 GE 规范	500h 雾化（可根据初步检查进行调整）
E	蒸发冷却器	TIL 1285，TIL 1389	初始调试：100300h 蒸发（如果发现残留物）

案例 27
压气机 0 级动叶/1 级动叶叶片裂纹、断裂

适用范围

F 级燃机，R0/R1 叶片没有圆弧过渡特征的压气机。

案例背景

F 级燃机的压气机部分由 18 级动叶与静叶组成。第一级被指定为 0 级，0 级动叶称为 R0 叶片，如图 27.1 所示。这些叶片离心负荷最大，受压气机共振影响也最强。

压气机转子的叶片通过将其底座与转子叶轮中的燕尾形轴向槽配合来固定。在运行过程中，叶片的离心载荷通过叶片/槽两侧的平面传递。装配时，这些接口将被隐藏起来，叶片底座的唯一暴露表面是外表面，称为叶片平台。

2005 年，一台 9FA 机组发生了一起压气机事故，原因是 R0 叶根吸入侧出现 R0 断裂。之后，在 R0s 和 R1s 的压力侧和吸入侧，7FA 机组内也发现了裂纹，如图 27.2 所示。

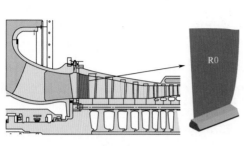
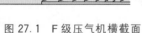

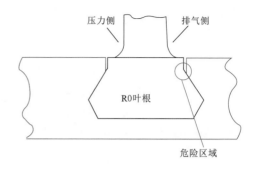

图 27.1　F 级压气机横截面　　　　图 27.2　R0/R1 叶根和轴向轮廓

根据数据和调查，已确定叶根接触区域边缘的微振导致局部应力增加。在随后的运行中，裂纹可能从摩擦点开始发展，扩展到临界深度，并导致叶片断裂。

虽然目视检查和渗透检查可以有效地识别 R0 叶根损坏，但这些标准检查可能无法检测到导致上述压气机事故的叶根损坏。因此，建议进行现场超声波检测，以降低风险并促进持续安全运行。

建议及措施

建议定期对 R0/R1 叶片的叶根进行超声波探伤，R0 叶片探伤位置为进气侧与排气侧；R1 叶片探伤位置为进气侧。

本建议适用于增强型的 R0/R1 叶片以及原始的 P-cut R0 叶片。

（1）对于 7F、9F 机组 R0，测试间隔应为 8000 个实际点火小时（FH）或 150 个实际点火启动。

（2）对于 6F 机组 R0 和 6F、7F、9F 机组 R1，试验间隔应在主要检查大修期间，或在压气机揭缸时进行。

（3）对于实施增强型压气机 2、3 或 4 升级包的机组，只有 R1 需进行 DT-UT 适用，因为增强型 R0 叶片具有平台圆弧倒角。

案例 28
压气机 0 级动叶叶片轴向铆固方案改进

适用范围

所有 F 级机组。

案例背景

许多 F 级机组压气机 R0 叶片腐蚀修复和改进配置时，需在现场进行 R0 叶片更换，

更换时对轴向定位处进行锤击。在连续
两次更换 R0 之后，通常没有剩余的空间
可以将叶片固定在适当的位置，如图
28.1 所示。

　　因此，在某些燃机中，传统的标桩
位置已用尽，便指定并应用了替代铆固
位置，以进行 R0 更换。这些位置涉及沿
叶根的压力面或沿叶片平台流道表面的
立桩，如图 28.2 和图 28.3 所示。但这
种处理方法不推荐。

图 28.1　R0 叶根定位标记
（没有剩余的空间固定）

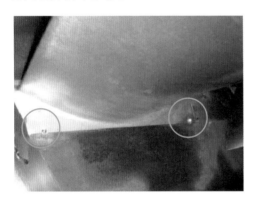

图 28.2　R0 叶片轮缘锁紧位置

图 28.3　压力面锁紧位置

建议及措施

　　建议采用 R0 铆固改进方案，即在轮盘槽中加装锁紧嵌块，如图 28.4 所示。该方案
可多次进行 R0 更换，每次更换叶片时都会应用新的嵌块（图 28.5）。这种修改需要三个
及以上 R0 叶片更换。

图 28.4　榫槽加工，用于安装锁紧嵌块

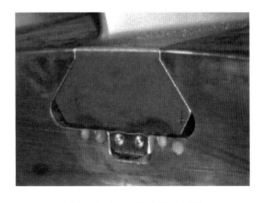

图 28.5　可更换的锁紧嵌块

　　由于改进方案在多个 R0 更换中提供了灵活性，并且只影响轮盘上传统固定位置的几
何形状和应力，因此具有一定的优势。该方案既可以在现场实现，也可以在制造厂实现。

该改进方案比早期的方案有更多的优势，与早期方案相比，在同一个位置，可多次进行 R0 叶片的更换，且不会对叶轮的几何结构及应力产生影响。该方案既可在现场实施，又可在工厂进行。

案例 29——
F 级机组压气机平底燕尾槽裂纹

适用范围

7F.01、7FA.01、9F.01 和 9FA.01 机组的压气机配置。

案例背景

7F.01、7FA.01、9F.01 和 9FA.01 机组压气机的叶片插入轴向延伸的轮盘的燕尾槽中。这些插槽的底部平坦，与压气机动叶上的燕尾槽设计相对应。通过对前轮和后轮轮盘面进行铆接，将叶片固定到位。

在启动过程中，后轮压气机轮（轮盘）的外径比轮的内部受热更快，从而在轮内产生热梯度（图 29.1）。在停机过程中，情况恰恰相反，轮盘的冷却速度比轮盘内部的冷却速度快。这会在启动过程中在轮盘上产生压缩应力，在停机时在轮盘上产生拉伸应力。

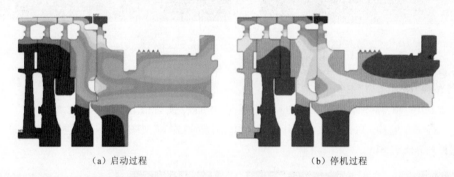

（a）启动过程 　　　　　　　　　　　　　（b）停机过程

图 29.1　F 级压气机转子启停时的热梯度

在启动和停机的热瞬变期间，燕尾槽前端和后端锐角处的应力会升高。锐角（由燕尾槽轴向中心线与轮盘平面形成）经过多次启停循环后，裂纹可能在燕尾槽的尖角出现，并在两个方向上传播：沿前、后轮辋面径向向内以及沿燕尾槽的长度向后。裂纹的产生和扩展取决于多种因素，例如零件的特定几何形状、材料特性和操作注意事项。燕尾槽裂纹（图 29.2）在数百次启停后开始出现，约在启停 1200 次后会很明显。

一旦裂纹产生，其轴向和径向扩展主要取决于启停循环的频率和方法。燕尾槽内轴向裂纹的扩展最终会削弱燕尾槽之间的立销，使压气机叶片容易松脱。此外，叶片滞留特性可能会发生较大的变化，从而导致叶片频率响应发生偏移，导致 HCF 效应，例如叶轮上的微动磨损、叶片破裂以及叶片松动。轮盘表面上的径向裂纹扩展可能会到达轮盘表面的内径，在轮盘下方转向，并开始传播到轮辐中。在这种情况

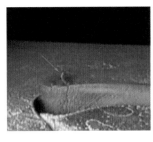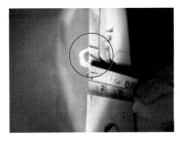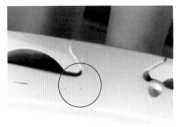

图 29.2　F 级机组压气机燕尾槽径向裂纹

下，叶轮的结构完整性会受到影响，并有可能导致叶轮开裂。

据统计，启动次数大于 1200 次的转子裂纹已清晰可见。

建议及措施

针对累计点火启动 1200 次及以上的转子，必须通过孔窥检查对压气机 17 级轮盘后轮缘进行检查。

除了孔窥检查外，为了辨识和评估出现的问题，在下次停机时，必须使用内窥镜在第 17 级轴的后缘端面上对启动次数超过 1200 次的转子进行检查。检查时揭开上半缸，并露出转子。为了确保问题清晰可见，应在检查之前彻底清洁燕尾槽和压气机轮/轴轮辋周围的后轮辋面。清洁后，使用数字显微镜设备进行光学检查以确定裂纹长度。

1. 维修

如果压气机转子不能拆解，并且只能通过内窥镜监视 17 级轮盘裂纹的发展情况，则不建议处理这些裂纹。如果处理裂纹，将失去 17 级轮盘裂纹发展与其他轮盘裂纹相关联的能力，并且每年需拆解转子。

2. 修理

从 2001 年开始，GE 开始在新的 F 级压气机转子中引入圆弧底燕尾槽（RSB）压气机（图 29.3），适用于第 12～17 级的 RSB 轮可降低燕尾槽角处的集中应力，从而降低启动和停机瞬变期间的应力。必要时将平底燕尾槽（FSB）更换为 RSB 轮盘，延长轮盘使用寿命。

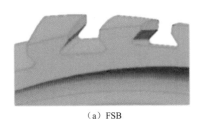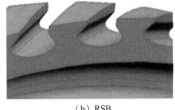

（a）FSB　　　　　　　　　　　　（b）RSB

图 29.3　FSB 与 RSB 燕尾槽的比较

3. 操作

（1）最大限度地减少启动和停机。

（2）对于具有多个 FSB 燕尾槽的维修，应优先启停启动次数较少的机组。

（3）降低机组负荷变动速率。

（4）尽可能减少停机时的强制冷却。

（5）如果可行，宜在停机时执行全速空载（FSNL）保持（至少 30min，最多 60min）。

（6）尽可能热态启动（在停机的 8～10h 内）。

（7）尽可能减少快速启动。

案例 30
入口导叶弹簧垫圈损坏

适用范围

MS5001N，MS5001P，MS5001R，MS5002，6A，6B，6F，6FA，6FA＋e，7B，7C，7E，7EA，7F，7FA，7FA＋e，9E，9F，9FA 和 9FA＋e 燃机。

案例背景

压气机进气缸外围有一个环形齿轮条，即环和机架总成。这些齿轮与每个叶片上的小齿轮啮合，这样当环围绕壳体旋转时，叶片就会转动。

在维修停机期间，一些装置在小齿轮下装配了弹簧垫圈，这些弹簧垫圈是按照 TIL 的早期版本进行装配的。

有两种弹簧垫圈装置：一种出现在较小的机型（MS5001、MS5002 和 MS6001）中，另一种出现在较大的机型（MS7001 和 MS9001）中。在较小的机型中，弹簧垫圈孔与叶片主轴（外轴，如图 30.1 所示）之间为间隙配合。在较大的机型中，弹簧垫圈孔与齿轮

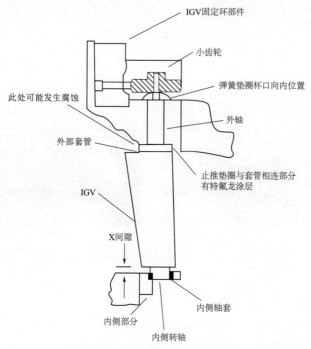

图 30.1 弹簧垫圈安装位置

短轴周围有间隙，垫圈位于外轴和小齿轮之间的肩部。如果在较大的机型中未正确安装弹簧垫圈，则叶片不会紧贴推力垫圈，并且叶片和齿轮的重量会使机组上半部分的 X 间隙减小到零。在较大的机型中，需要将杯口向内放置，如图 30.1 所示。

此外，老式的带有金属推力垫圈的装置对水在入口底部聚集的地方的腐蚀很敏感。在某机组中，IGV 止推垫圈和进口套管之间的腐蚀产物迫使 IGV 呈放射状向内接触内分段环，这种干扰在 IGV 驱动过程中造成了过负载，并导致叶片在靠近内支撑环处断裂。替代的止推垫圈是由非金属材料制成的，不会腐蚀或膨胀。

建议及措施

1. 对于 MS7001 和 MS9001 机型

弹簧垫圈必须如图 30.1 所示安装在杯口向内的位置，这样，弹簧的外径将压在外壳上，并使叶片向外靠在止推垫圈上。错误的组装（杯口向外）会在齿轮和外轴之间产生弹力，并且不会产生克服重力的止推垫圈载荷。

2. 对于 MS5001、MS5002、MS6001 和 MS6001FA 机型

弹簧垫圈可以通过任何方式安装，但是，建议安装在杯口向外位置，因为这样在装配齿轮时更容易避免夹紧叶片外轴和小齿轮之间的弹簧垫圈。

3. 对于使用金属止推垫圈的老式设备

在有机会时按以下检查程序进行检查以确认垫圈的腐蚀情况：

（1）固定 IGV 叶片至全开位置。

（2）在进行间隙测量之前，确保 X 间隙处没有污垢、砂砾和铁锈。脏污会导致错误的读数。

（3）用塞尺测量 X 间隙，检查表 30.1 中所列的最小间隙。

注：如果需要拆卸 IGV，则应将金属止推垫圈更换为已取代的非金属止推垫圈，见表 30.2。弧形弹簧垫圈应按照图 30.1 所示的"杯口向内"方向在 IGV 轴上重新组装。

表 30.1　　　　　　　　　　　　　最小 X 间隙

机　　型	间隙/(″)	机　　型	间隙/(″)
9E	0.008	7EA	0.008
9F	0.019	7F	0.013
7B	0.008	MS5001	0.009
7E	0.008	MS5002	0.009
7B/E	0.008	MS6001	0.009

表 30.2　　　　　　　　　　　　　金属止推垫圈

金属零件号	用非金属零件号替换	金属零件号	用非金属零件号替换
312A6521P001	352A6633P001	312A6521P003	352A6633P003
312A6521P002	352A6633P002	312A6521P004	352A6633P004

案例 31
15 级静叶叶根磨损

适用范围

所有未进行 P4、P5 升级包改造的 6FA＋e、7FA＋、7FA＋e（扩展和非扩展）、7FB、9FA＋、9FA＋e（扩展和非扩展）和 9FB 机组。

案例背景

在许多 F 级机组的压气机缸 15 级静叶（S15）槽道中发现静叶的磨损，在对静叶进行检查时，发现了对应的叶根损坏。在大多数情况下，静叶叶根的方形底座已磨损，并从槽道凸出，如图 31.1 所示。

图 31.1　S15 定子底座突出气流通道

将静叶从压气机缸拆除，就可以看到损坏的程度。图 31.2 显示了静叶底座的损伤，图 31.3 显示了在压气机缸槽道中发现的磨损。

图 31.2　S15 损伤情况

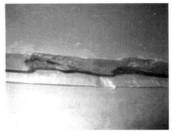

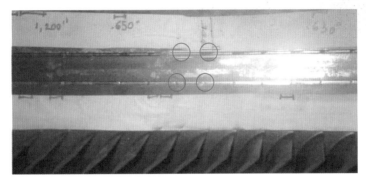

图 31.3　压气机缸 S15 槽道磨损情况

建议及措施

检查所有受影响的 F 级机组压气机排气缸静叶槽。在燃烧检查（CI）和 HGPI 期间，应对压气机 S14～S16 区域进行彻底的内窥镜检查。在大修期间或需要拆除时应进行定子晃动检查和定子与静叶槽的目视检查。

1. 在 CI、HGPI 期间的年度内窥镜检查

建议在计划 CI、HGPI 或年度监测期间进行内窥镜检查。在内窥镜检查过程中，对压气机 S14～S16 检查以下项目：

（1）静叶叶根底座突出现象在静叶的非负载侧可能更频繁地出现。下半部分向后看时，非负载侧为左手侧，上半部分为右手侧。图 31.4 显示了典型内窥镜检查测量的示例。

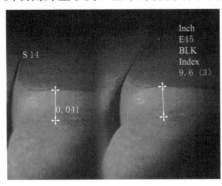
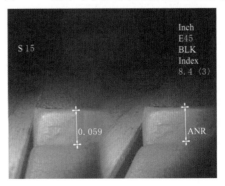

图 31.4　内窥镜检查结果

图 31.5　中封面周向间隙大

（2）检查静叶是否出现中封面间隙过大、突出或填隙片缺失。

（3）静叶叶根方形底座平台与缸体或下一个静叶平台之间是否有裂纹和/或过度磨损（微动）迹象。

2. 在 HGPI 或大修（MI）期间，CDC 揭缸时检查

（1）测量中封面开口周向落差，如图 31.5 所示。间隙过大通常表示叶片之间缺少垫片和/或磨损。

（2）压气机 S14～S16 应检查叶片晃度，如图 31.6 所示。如果转子不吊出，只测量上半部分的晃度。从每侧拆下3～5 个静叶，检查下半部分可触及的静叶，并检查静叶叶根和气缸槽是否磨损。

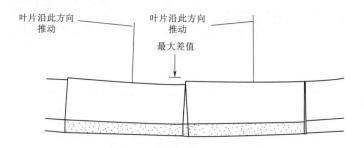

图 31.6　最大差值是相邻静叶之间高差

当静叶暴露在外时，必须朝产生最大径向落差的方向推动叶片。如果发现晃度过大或下半部分磨损，则拆下静叶并检查底座有无裂纹和磨损，同时检查气缸槽是否磨损，如图 31.7 所示。

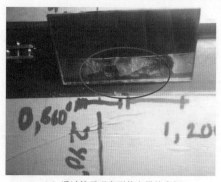

（a）通过镜子观察到的上导轨磨损

（b）槽的下导轨磨损

图 31.7　气缸槽的磨损情况

案例 32
2 级动叶叶顶裂纹

适用范围

所有使用 3VGV 的 GT11N2 和选择 A/B/AB 型压气机的 GT24/GT26。

案例背景

在对 GT11N2 进行期间检查时，发现压气机 R2（图 32.1）叶尖断裂。类似的事故也发生在 GT24 和 GT26 型 B 型压气机上。

图 32.1　压气机 R2

造成裂纹的两个主要原因为裂纹表面的腐蚀坑和叶片顶端摩擦。如果不处理，摩擦的可进一步发展成裂纹，从腐蚀坑开始，并通过 HCF 传播。如果在适当的时间内没有检测到裂纹，顶端可能会断裂，并可能对压气机下游造成损坏。

建议及措施

（1）在定期 C 级检修时，对压气机 R2 叶顶进行 NDT。叶片顶端区域不允许有裂纹。

（2）每次 C 级检修时检查腐蚀坑。超出验收范围的零件必须更换。

（3）可适当增加压气机 R2 顶端间隙，以避免摩擦压气机外壳。对于受影响的 GT11N2 和 GT24，新的公差比原来宽 0.5mm；对于受影响的 GT26，新的公差比原来宽 0.7mm。

（4）R2 叶顶研磨或存在摩擦迹象时，叶顶应进行精锉处理。精细的锉削会在压气机叶顶周边产生斜边，可防止顶端裂纹的形成。

案例 33——
入口导叶磨损

适用范围

6F、9E、9F 机组（除 6F.01）。

案例背景

在 B 级、E 级和 F 级燃机上，IGV 组件由 64 个固定叶片组成，通过执行机构、控制环和齿轮齿条机构将叶片转动到一个确定的角度来控制进入压气机的空气量。图 33.1 展示了典型 IGV 的截面图和部件图。

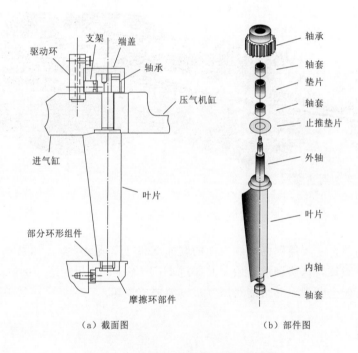

图 33.1　典型 IGV 的截面图和部件图

　　IGV 顶部由齿轮和锁紧螺钉固定，根侧由环段和轴套固定，如图 33.1 所示。当燃机运行和 IGV 启动时，轴套可能会磨损，导致间隙增加。

　　测量 IGV 叶根（也称为内轴或内扣）和轴套之间的间隙（图 33.2）时应遵循一定的步骤，以提高测量的准确性。对于新型轴套材料（非金属），通过在轴套外径和环段内径之间实现紧密配合，提高了轴套外径的耐磨性。运行机组轴套间隙超标可能导致 IGV 叶片开裂和断裂。

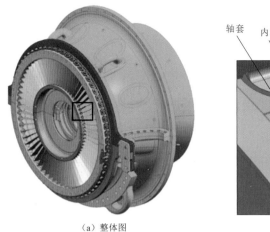

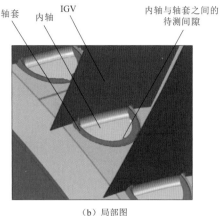

（a）整体图　　　　　　　　　　　　（b）局部图

图 33.2　IGV 叶根和 ID 衬套之间的间隙

建议及措施

采用以下程序检查 IGV 的轴套磨损情况：

（1）在机组停运后将 IGV 固定在全开位置，使用百分表来垂直测量于叶片的位移量。

（2）将指示器放置在尽可能接近叶片根部的位置，然后在两个方向上切向移动叶片，如图 33.3 所示，直到叶根转轴与衬套紧密接触。记录全刻度盘指示器读数。

（3）在使用百分表测量轴套间隙之前，应先清除间隙内的残留物。

应特别注意间隙范围。如果测量到的间隙等于或大于表 33.1 中的间隙，应立即更换衬套。对于装配有 Chemloy 轴套（图纸编号 315A9681、339A9913 和 328A7020）且不超过规定的磨损极限的部件，确认轴套没有松动。如果轴套是松的或是可以自由转动的，就重新拧紧轴套。不要过紧，保证进口导向叶片可以自由转动。

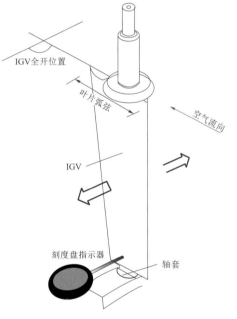

图 33.3　间隙测量图解

表 33.1　　　　　　　　　　各种机型 IGV 间隙范围

机　　型	IGV 材质	轴　套　图　号	间隙范围/(″)
Frame5、6B	403 不锈钢	158A7888P004/5/6	≤0.050
	403 不锈钢	315A9681 or 339A9913	≤0.050
	GTD 450	315A9681 or 339A9913	≤0.075

续表

机　　　型	IGV 材质	轴　套　图　号	间隙范围/(″)
6F	GTD 450	339A9913	≤0.075
7E、7EA、9E	403 不锈钢	158A7888	≤0.070
	403 不锈钢	315A9681 or 339A9913	≤0.070
	GTD 450	315A9681 or 339A9913	≤0.100
7F	GTD 450	339A9913	≤0.100
9F	GTD 450	328A7020	≤0.100

案例34
压气机填隙片凸出

适用范围

所有压气机。

案例背景

在压气机装配过程中，填隙片用于保证静叶叶根适当的周向间隙，允许瞬态相对增长，同时有助于保持最佳的流动效率。

静叶固定在一个静叶环上，与单个叶片一样，使用这些填隙片来纠正静叶环、缸体外径和长度的变化。每个填隙片通过两个保持挂钩固定（图34.1）。

在 B 级、C 级、E 级、F 级和 H 级机组上，在孔窥检查和机组检修期间，发现填隙片从静叶槽中凸出并进入流动路径（填隙片移位），如图34.2所示。填隙片凸出在过去主要出现在压气机的尾部，但是一些机组前端也有填隙片凸出的情况。

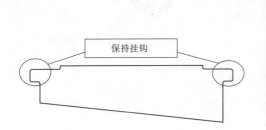

图 34.1　典型的压气机填隙片

图 34.2　填隙片移位的 Brescope 图像

建议及措施

1. 检查

应每年进行正常的孔窥和目视检查，注意所有填隙片的状况。B 级/E 级机组前 4 级、9E 级机组的前 8 级、F 级机组的前 5 级可能在静叶持环之间有填隙片，填隙片在左右中封面上方和下方 60°。所有剩余级的填隙片位于前几个静叶叶根之间，靠近上半部和下半部的水平中封面。有些级没有填隙片是正常的。7H 机组上的 0～4 级，9H 机组上的 1～4 级，6C 机组上的 1～2 级没有填隙片。这些级包含可变导叶（VGV），不使用填隙片。所有剩余级的填隙片位于前几个静叶叶根之间，相邻压气机缸体中封面。

填隙片凸出应采取相应措施，以尽量减少机组运行风险。根据填隙片凸出的线、突出到流道中的数量，以及填隙片凸出程度，制定相应的检修计划。

在揭缸处理之前，建议采用以下程序减少和/或消除垫片脱落的风险：

（1）如果可以，在没有损坏相邻叶片/叶片风险的情况下可以进行拆除填隙片，直到下一次揭缸检修再重新安装填隙片。如果移除很困难，可以在不损坏相邻叶片的情况下进行垫片研磨，使之与流道齐平。

（2）在垫片完全脱落之前，研磨垫片将减少压缩机损坏的风险，并将防止气流扰动进一步加速垫片的凸出。垫片研磨后，建议在 25 次启动后，进行填隙片位置检查。

（3）前端填隙片突出高度小于 50%，被认为是低/中风险，但应加强定期检查，如前端填隙片的持续凸出应尽快采取相应措施，以避免脱落。前端垫片如果超过 50% 高度突出，则脱落的风险更大，应及时进行处理。尾阶段填隙片凸出风险较低，通常可以大修期间进行处理。

2. 填隙片改进

替换填隙片的厚度应不小于 80mil，以保持牢固。一种新型的填隙片安装附件可以防止填隙片凸出，如图 34.3 和图 34.4 所示，填隙片固定销可以将填隙片固定到相邻的静叶叶根或静叶持环上。对于所有 B 级、C 级、E 级、F 级和 H 级燃气轮机，建议在下一次大修或有机会揭缸时进行改造。

图 34.3　垫片销修改——方形底座

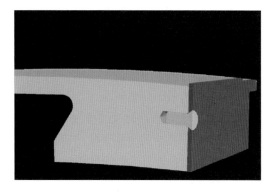

图 34.4　垫片固定——段基座

案例 35
入口导叶检修及实验时的人身伤害

适用范围

所有压气机。

案例背景

在检修期间，发生几起 IGV 意外关闭的事件。以下因素会导致意外事件的发生，主要包括：

（1）需要完全锁定执行机构的 IGV 检修工作。

（2）在执行机构的油压建立的情况下进行 IGV 校准。

注意：强制控制逻辑不能代替安全措施，也不能作为保护人员的单一手段。

建议及措施

1. 需要油动机锁定的 IGV 维护任务

在检修维护工作时，如果 IGV 齿轮或其他 IGV 部件进行维护时（例如，手动清洗/混合、染料渗透检查、IGV 间隙、压缩机的孔镜检查），应实施完全锁定。当在 IGV 附近工作时，还建议对现场工作进行风险评估，以确保采取适当的预防措施。系统锁定应遵循以下步骤：

（1）确认机组已停止，机组在 OFF 模式，盘车停运。

（2）确保所有人员都能远离 IGV 及其驱动环环。在断电之前，使用 IGV 校准器将 IGV 开到至所需的位置。

（3）如果油系统已经被停运或不可用，使用吊葫芦或千斤顶将 IGV 开到所需位置。

（4）整个液压系统停运、断电，液压油蓄能器泄压。

（5）机械隔离：断开执行机构臂。

（6）拆除 IGV 油动机连杆，通过 IGV 环上的销钉固定（图 35.1 和图 35.2）。断开连接时，联动装置需要辅助升降。除非液压系统完全断电并锁定，否则不要试图拆卸或重新安装执行器臂销。在拆卸或重新安装销钉时，不要切断任何锁扣或调整执行器臂的长度，除非为了校准导叶位置而有意调整执行器。

（7）禁止电动或手动盘车。

（8）切断其他可能影响 IGV、转子或进气喇叭口的动力源。

2. 在驱动系统通电的情况下进行 IGV 校准

与需要完全锁定驱动系统的维护任务不同，IGV 校准需要在运行的 IGV 系统附近工作，并且只能由合格的人员来执行。

（1）确保没有其他与燃机、液压系统、控制系统、跳闸油系统等相关的活动。

（2）确保运行检修人员知道有人员在进气口，没有其他系统通电。

| 图 35.1　IGV 执行器连杆拆除 | 图 35.2　IGV 油动机固定销位于 IGV 环的下方 |

（3）不允许转子旋转（确保盘车禁用并锁定）。

（4）IGV 的校准只能由熟悉燃机系统和程序的合格人员进行。

（5）建立进入进气静压室的封闭入口，确保人孔门的畅通。

（6）使用适当的工具来确保在校准期间手、手指、脚不放在 IGV 叶片之间，任何其他 IGV 系统组件之间也不以任何方式（环、齿轮等）卡在移动部件之间，防止移动部件的破损。不要遗漏任何工具或障碍物。

（7）建议使用双向无线电（或其功能等效物），以便校准 IGV 系统的人员与控制 IGV 的控制系统操作员之间保持双向通信。

案例 36
入口导叶花篮螺栓连杆松动

适用范围

所有压气机。

案例背景

IGV 传动系统由液压执行机构、控制环、连接执行机构和控制环的花篮螺栓组成。花篮螺栓包括本体、两端的转动关节和锁紧螺母，以将连杆固定在本体上，作为 IGV 调节的一部分，可以调整旋钮的长度。一旦达到所需的长度，通过锁紧螺母锁定，然后在总成上焊接一个锁定条，将锁紧螺母固定到螺丝扣本体上，作为二次锁定功能，防止螺丝扣松动，如图 36.1 所示。

某电厂发生因 R0 叶片松动引起的压气机事故。事后的调查发现，IGV 连杆锁紧螺母松动，这导致该 R0 叶片在更大的 IGV 开启角度下运行。如图 36.2 所示，连杆上的锁紧带完好无损，这表明在焊接锁紧螺母之前，锁紧螺母未充分拧紧。

当 IGV 角度超过规定的最大极限时，可能会导致流量不稳定，并可能使压气机动静叶承受比预期更高的应力。因此，必须将 IGV 花篮螺栓锁定以支持燃机可靠运行。

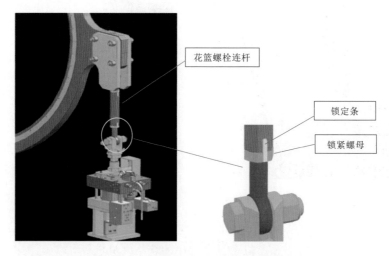

图 36.1 典型的 IGV 执行机构部件

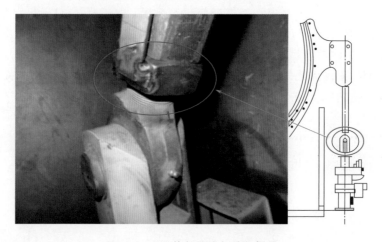

图 36.2 IGV 执行器连杆锁紧螺母

建议及措施

    建议在计划进行 IGV 校准或进行 IGV 执行机构维护时进行以下检查：

    （1）在将锁定条焊接到位之前，确保已将 IGV 螺丝扣锁紧螺母正确拧紧到 150 英尺磅（$1N \cdot m = 0.7381$ 英尺磅）。必须通过固定螺丝扣体来单独拧紧每个锁紧螺母，不要将螺母拧在一起。

    （2）防转锁条应仅焊接在锁紧螺母上并转动卡扣，如图 36.3 所示。不可在转动环的任何表面上进行焊接，如图 36.4 所示，因为点焊的热影响区可能会导致杆端破裂并随时间而裂开，如图 36.5 所示。

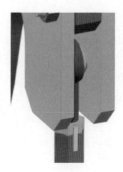

图 36.3 锁定条焊缝的
正确位置

（3）在发生压气机喘振事件之后，IGV 执行器花篮螺栓可能会松动，因此建议在发生压气机喘振事件时检查锁紧螺母。

图 36.4　不正确的锁定焊缝

图 36.5　转向环开裂

案例 37
F 级燃机 1 级动叶叶片污染

适用范围

所有 F 级燃机。

案例背景

1 级动叶（S1B）具有许多内部冷却通道，这些通道通过分配整个动叶中的空气来冷却部件。通道的堵塞会导致动叶区域的冷却减少，如果动叶未有效冷却，则可能导致故障。

曾有一些叶片内部冷却通道污染导致动叶损坏。2015 年到 2016 年 10 月，GE 动叶修复车间在维修过程致使杂质进入 S1B 动叶的内部蛇形冷却通道，其中部分在发往现场前被发现，部分叶片已送至现场。对于未安装动叶，需将所有套件退回 GE 公司进行清洁和检查；对于已安装动叶，需要通过 BI 查找叶片损坏的迹象。

根据蛇形通道内污染物的积聚位置不同，可能导致不同类型的叶片损坏。图 37.1 为叶片后缘冷却孔污染，冷却空气减少造成叶片损坏的案例。图 37.2 为在动叶尖端盖附近积聚的污染导致尖端盖损坏、尖端盖丢失以及叶片氧化。每一种形式的损坏都可以通过内窥镜来观察。

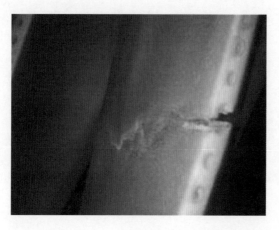

图 37.1　叶片损坏和氧化损坏

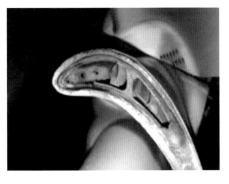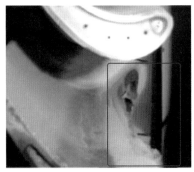

图 37.2　尖端盖缺失和前缘故障

建议及措施

（1）对于未安装的污染动叶，应将其退回 GE 服务中心进行清洁和检查。检查大约需要五天。

（2）对于已安装的污染动叶，建议使用以下 BI 间隔进行检测，尽早发现部件故障：

1）未达到 8000h 运行的机组，每 2000h 检查一次。

2）对于已达到 8000h 运行的机组，每 4000h 进行一次检查。

（3）检查应侧重于确定是否存在任何叶片裂纹，以及检查是否存在与其他叶片颜色不一致的叶片。如果发现，应对后面的部件进行检查。

（4）在动叶的下一次解体时，应将该叶片拆下并发送到合格的 GE 服务中心进行检测。

案例 38
9F 排气扩压段法兰面螺栓损坏

适用范围

排气扩压段法兰面螺栓为纵向螺栓的所有 9FA 和 9FB 燃机。

案例背景

在燃机正常运行期间，排气扩压段会受到高温和振动的影响。由于燃机的极端运行环境和循环运行特点，在排气扩压段的某些位置可能会受到损伤。9F 排气扩压段的一些配置由前段和后段组成。9F 燃机的排气扩压段由前后两部分组成，前后两部分通过螺栓连接。图 38.1 为排气扩压段内外桶连接法兰。

2011 年，有三台机组发现排气扩压段内桶与外桶连接法兰螺栓断裂；此外，还发现了螺栓紧力的变化。当时分析其原因为排气缸和法兰面之间的热梯度引起螺栓应力变化。改进措施包括改变螺栓预紧力和螺栓扭矩顺序，但不包括更换式螺栓。

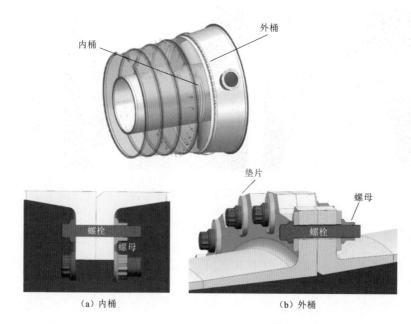

图 38.1 内桶和外桶连接法兰

建议及措施

（1）在小修或中修期间更换排气扩压段改进型螺栓，以螺栓配置为准。

（2）在停机时对内桶和外桶进行目视检查，是否存在保温破损、法兰面热空气泄漏、法兰面变形或张口。如果发现任何松动或损坏的螺栓，应绘制其位置图并整改。

（3）持续监控罩壳温度的变化。

案例39
9F 机组 2# 轴承积碳引起振动

适用范围

6FA、7FA 和 9FA 机组。

案例背景

在 F 级机组上，2# 轴承位于排气扩压段内，如图 39.1 所示。2# 轴承的迷宫式密封区域，随着运行温度的升高，导致油在迷宫式密封区域内焦化并积碳（燃烧、凝固和积累）。2# 轴承运行温度升高可能是下列原因造成的：

（1）异物、金属碎屑或绝缘纤维卡在轴承迷宫式密封间隙。

（2）轴承冷却孔被灰尘、碎屑、绝缘和异物等堵塞。

（3）7F 和 9F 机组后轮盘腔后轮盘腔室排气孔堵塞。

（4）2$^\#$轴承高温度。

1）排气框架保温损坏。

2）润滑油系统负压设置不正确。

3）排油烟机滤芯堵塞。

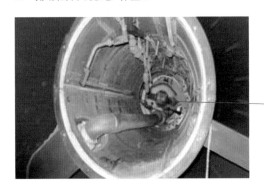

图 39.1　排气扩压段内的 2$^\#$轴承

图 39.2 为异物通过 2$^\#$轴承的冷却孔堵塞迷宫式密封间隙的路径，并使润滑油暴露在高温运行环境中。

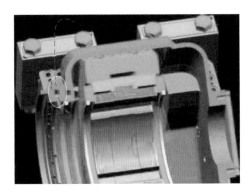

图 39.2　进入轴承迷宫式密封区域的异物路径

在 2$^\#$轴承密封区域上有呼吸孔（图 39.3），通到轴承内部进行冷却。当呼吸孔被异物堵住时，密封区域温度上升，从而导致积碳。

2$^\#$轴承密封区域积碳对转子的间断性摩擦导致了周期性振动。2$^\#$轴承密封件积碳严重（图 39.4），会造成机组振动变大，引起机组跳闸。2$^\#$轴承密封区域积碳程度不同，造成的损伤程度也不同：从密封损坏到 2$^\#$轴承轴颈（图 39.5）的摩擦，严重的可能导致透平轴损伤。

图 39.3　轴承呼吸孔

图 39.4 2#轴承密封区域积碳

图 39.5 2#轴承轴颈上的积碳

建议及措施

建议进行以下检查，以避免2#轴承密封区域积碳：

（1）初步检查（机组出现高周期振动时或在中修、大修期间）。

1）2#轴承排气框架保温检查。检查是否存在保温松动、纤维撕裂和端盖松动的迹象，如图 39.6 所示。如果保温大范围松动或损坏，建议更换。

2）2#轴承呼吸孔检查。用孔窥仪检查位于2#轴承前端的呼吸孔，以防止异物堵塞。上半部和下半部呼吸孔都要检查。如果2#轴承呼吸孔被堵塞（图 39.7），则清除堵塞孔的杂物，并检查是否有积碳迹象。清理时不要将异物推入孔内和轴承内。

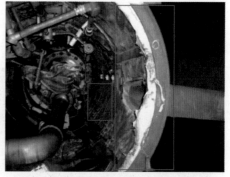

图 39.6 漫射器绝缘损坏

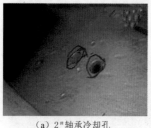  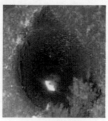 

（a）2#轴承冷却孔　　　（b）冷却堵塞　　　（c）冷却积碳　　　（d）清洁的冷却孔

图 39.7 2#轴承冷却孔情况

3）润滑油负压。检查润滑油系统的负压［正确的真空设置可参阅机组的操作和管理手册设备总图（参考 MLI 0414/0416）］。负压低可能是润滑油系统中除雾器过滤器堵塞的结果，建议安装负压力表（图 39.8），用于观察。

（2）如果根据初步检查建议观察到呼吸孔的堵塞、收缩，或在迷宫式密封处发现积

（a）局部压力表

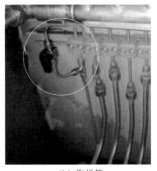
（b）取样管

图 39.8　负压力表

碳，需进一步深入检查，包括排气框架冷却风机和管道，2# 轴承冷却风扇和管道以及 2# 轴承区域。即使没有发现积碳，如果运行中振动异常，也建议在停机期间进行以下检查：

1）检查查扩压段保温，拆卸人孔后，检查轴承密封间隙是否有松散材料。

2）检查 2# 轴承呼吸孔是否有任何外来物质堵塞或积碳。

3）对密封积碳情况进行全面检查。

（3）另外，还需进行以下检查：

1）排气框架冷却风机和管道检查。排气框架冷却风机（图 39.9）应检查电流曲线、风机旋转方向及入口负压、出口有无杂物，并清洗或更换过滤网；管道（图 39.10）检查挡板是否卡涩、挡板是否完整、弹性密封是否存在泄漏、检查连接到排气框架软管、拆除密封进行 BI 检查确保弹性密封安装正确。

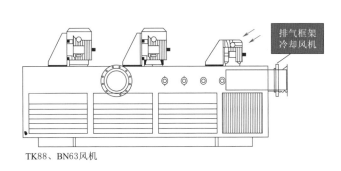
TK88、BN63风机

图 39.9　排气框架冷却风机

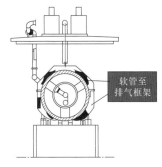

图 39.10　排气框架冷却管道

2）2# 轴承冷却风机和管道。2# 轴承冷却风机（图 39.11）应检查电流曲线、风机旋转方向及入口负压、出口有无杂物，并清洗或更换过滤网；管道（图 39.12）检查挡板是否卡涩、挡板是否完整、弹性密封是否存在泄漏、拆除密封进行 BI 检查确保弹性密封安装正确。

3）排气框架检查。拆卸柔性软管以确保冷却空气腔（图 39.13）没有碎片。

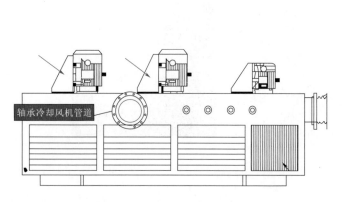

图 39.11 2#轴承扩散器冷却风扇

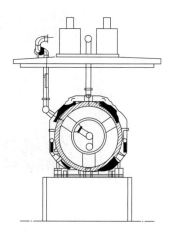

图 39.12 2#轴承冷却管道

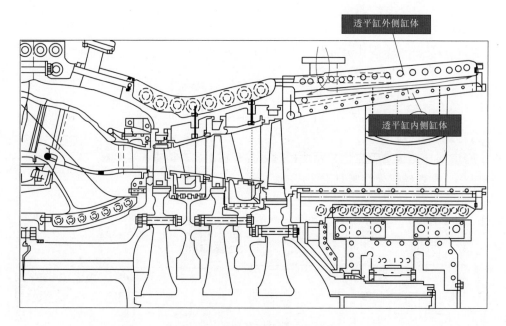

图 39.13 排气框架冷却空气腔室

4）排气框架内桶冷却（图 39.14）检查。拆卸 2#轴承人孔，检查后轮空间和夹层冷却孔，确保没有碎片或异物颗粒。

5）2#轴承迷宫式密封检查。可以通过呼吸孔或拆卸轴承座上半部分后用 BI 检查 2#轴承迷宫式密封（图 39.15）。

（4）改进 2#轴承冷却风机过滤器，适应灰尘大的环境。2#轴承冷却风机（88BN）的进口滤网为网状结构，如图 39.16 和图 39.17 所示。对于位于灰尘大的环境中的机组，建议增加过滤器。

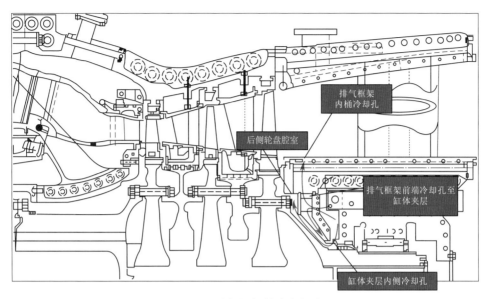

图 39.14　排气框架前端冷却腔室

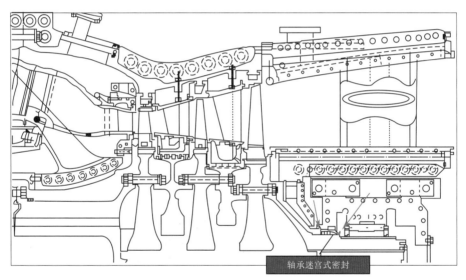

图 39.15　2# 轴承迷宫式密封

图 39.16　88BN 外壳

图 39.17　88BN 进口过滤器

案例 40

7F、9F 3 级动叶损坏

适用范围

所有 7F.01.03 和 9F.01.03 燃机 3 级动叶（S3B）。7F.04 燃机 S3B 的特定机型。

案例背景

在燃机中，动叶的作用是将高温燃烧气体中的能量转化为机械能。7F 和 9F S3B 位于燃机透平的尾部，这些叶片由镍基合金材料通过铸造工艺制成。

2013—2016 年，9 台 7F 和 9F 机组在修后 8000h 内因 S3B 断裂而被迫中断。调查表明，这 9 起叶片断裂事故都有相似的经历：①在叶片的前缘或后缘存在一个小裂纹；②在返修过程中，叶片进行回热处理；③在叶片恢复使用后不久，从不连续处开始有裂纹。在恢复运行后的 8000h 内，裂纹扩展的速率导致 S3B 断裂；④叶片的序列号前缀以 K3*P 或 N3*P 开头，其中 * 表示任何字符。

图 40.1 显示了一个典型断口的例子，裂纹是从叶片前缘开始的。这些事件中，在裂纹起始位置会观察到各种异常、裂纹，如铸造缺陷、裂纹边缘氧化和局部再结晶晶粒。总的来说，造成这些事件有以下原因：

（1）在翼型的前缘或后缘出现初始裂纹。

（2）在修复时，对受影响的叶片进行热处理导致修复后的叶片的延展性和耐损伤能力比新叶片低。修复叶片的延展性和耐损伤能力的降低使最初不连续的裂纹进一步发展。

 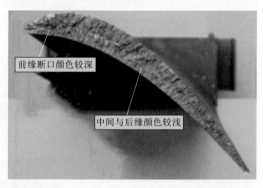

前缘断口颜色较深

中间与后缘颜色较浅

图 40.1　典型的释放的 7F.03 S3B 的断口（其中初始裂纹开始于叶片前缘）

在标准修复过程中，对 S3B 进行多次 FPI 检查，每当检测到翼型上的线性裂纹时，这些裂纹会去除。使用 FPI 检查裂纹的能力受到裂纹尺寸、紧密性和氧化物存在的影响。上述事故中，在修复过程中没有使用标准的 S3B 检查程序检测到这些裂纹。GE 公司对修复过程进行了更新，以提高在修复过程中可靠地检测这些潜在裂纹的能力并改进热处理工艺。

建议及措施

（1）对于已经接受过上一次恢复热处理的部件，建议在安装前或当前运行周期结束时，采用新工艺重复热处理。此建议适用于所有带有序列号前缀的 S3B。

（2）对于使用序列号前缀为 K3* P 或 N3* P 的修复的 S3B 操作，建议额外进行 FPI 检查，以进一步降低 S3B 故障的风险。表 40.1 总结了 FPI 检查的推荐时间。

表 40.1　　　　　　　S3B 的推荐 FPI 检查时间（序列号前缀 K3* P 和 N3* P）

零件已经接受过上一次恢复热处理	零件已接受新工艺热处理（标有"R1"）	运 行 状 况	推荐 FPI 检查时间
是	否	在运行中，自上一次热处理应用以来，累计不到 8000h	运行时间为 1000~2000h，或运行时间超过 2000h 的 S3B 有解体机会时
是	否	在运行中，自上一次热处理应用以来累计超过 8000h	无建议
是	是	运行中	在第一次孔窥检查或在 8000h 内进行。
否	是	运行中	无建议

（3）FPI 检查应确定是否存在较高的风险表面裂纹。任何受影响的叶片都需要立即更换。这是一次性检查，通过检查的 S3B，或不建议检查的 S3B，即便其热处理条件改变，在未来也不需要重新检查。

案例 41———
F 级转子启动/超速试验期间动静摩擦

适用范围

无自动超速试验软件的 F 级燃机。

案例背景

压气机的主要功能是将进气压缩到一定的压力，然后，这些压缩空气通过燃烧和透平部分产生机械能，驱动发电机。

在新机组调试期间，应进行 110％超速试验，以验证汽轮机控制装置上超速保护逻辑的功能。对于新机组，该试验通常在 4h 新转子磨合结束时进行。在这些试验中，机组在 FSNL 下热稳定，然后手动将汽轮机转速增加至 110％转速的跳闸设定值，从而启动汽轮机跳闸。在许多情况下，该试验每年进行一次，通常在计划停机之前进行。

研究表明，110％超速试验有可能在压气机前端（R0 到 R1）引起间隙变化：如果在超速试验期间，IGV 处于其 FSNL 运行的最小设置，则可能会导致这种情况。如果以这种方式进行，压气机机壳前端将以低 IGV 设置进行冷却，同时压气机叶片和叶轮会随着转速的增加而自然伸长。这与其他因素结合在一起，可能会导致叶尖间隙变化，从而产生轻微到严重的摩擦。在这种情况下，R0 和 R1 叶片可能会产生叶尖裂纹，并导致叶尖角部损失。

建议及措施

为了减轻间隙闭合导致摩擦，110％超速试验程序修改如下：

（1）当机组处于 FSNL 时，确保转子达到热稳定性和机械稳定性（根据维护手册要求，新转子在额定转速下运行 4h，其余机组在 30min 内）。例外情况：7FB 和 9FB 机组在环境空气温度低于 14.4℃运行时，必须在 FSNL 下运行至少 1h 15min。

（2）在 FSNL 下验证所有压气机防喘阀是否打开。

（3）对于带有入口引气加热系统的机组，强制逻辑信号 L20TH1X 至逻辑"0"，并验证 IBH 阀是否移动至全开位置（CSBHX＞95％）。

（4）仅适用于带 DLN2.0 燃烧系统的 9F 机组。将 IGV 从当前最小操作设置调至 56°。如果 IGV 在 FSNL 下打开超过 56°，机组可能因低燃空比而熄火并跳闸。在任何情况下都不应强制 IGV 输出基准或任何中间逻辑信号，因为这可能导致 IGV 在跳闸后保持打开状态，并导致压气机喘振。

（5）其他 F 级机组。将 IGV 设置从 FSNL 时的当前最小设置调节到最大（称为基本负载角，通常由恒定 CSKGVMAX 定义）。在任何情况下都不应强制 IGV 输出基准或任何中间逻辑信号，因为这可能导致 IGV 在跳闸后保持打开状态，并导致压气机喘振。

（6）对于 7F、9F 机组稳定运行 45min，对于 6F 机组稳定运行 30min。

（7）执行超速顺序。

（8）试验完成后，重新启动机组之前，取消所有逻辑信号强制并将控制常数恢复到其原始值。

（9）此程序目的是在 110％超速试验之前充分预热压气机壳体前端。通过预热，压气机壳受热膨胀以增加间隙，从而降低超速过程中 R0 和 R1 叶尖摩擦的风险。

（10）对于配置 DLN 2.0 燃烧器的 9F 级燃机，在 FSNL 下，为了维持火焰稳定性，IGV 开度较小，影响机组效率。

建议所有进行 110％超速试验的机组均应遵循此程序，以减少 R0 和 R1 叶片上的潜在摩擦。

案例 42
F 级机组转子轮盘裂纹

适用范围

F 级燃机转子。

案例背景

重型燃机透平转子的作用包括承载叶片载荷、将扭矩传递给压气机和发电机进行发电以及向叶片提供冷却空气。F 级叶片冷却空气由 1 级和 2 级轮盘燕尾槽或叶片连接槽的冷却槽提供（图 42.1）。在装配之前，通过在槽中安装的平衡块来平衡单个盘或轮盘。通过使平衡块或平衡块槽（BWG）上的金属变形来固定平衡块。透平叶片由卡环式锁线轴向固定，该锁线位于穿过透平叶片和透平的锁线槽（LWT）中。

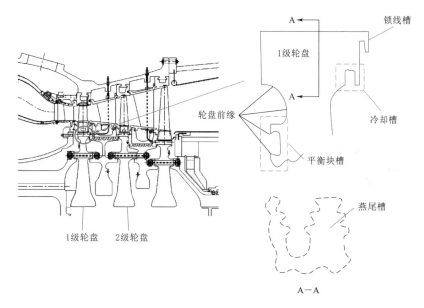

图 42.1　F 级透平转子

透平转子中的轮盘由高镍合金制成，该合金对表面缺陷非常敏感，在这些缺陷中，晶间裂纹可能由于高应力和温度而萌生和扩展。未检测到的裂纹可能会因暴露在应力和高温下而继续扩展，直到检测到裂纹并修复或停止使用；或裂纹扩展到临界长度，叶轮部分和/或相邻的透平叶片断裂到透平热通道部分，导致严重损坏。随着时间的推移，应对透平机转子轮进行持续改进，以提高其整体损伤敏感性。

转子处于潮湿或有腐蚀性的极端环境下运行，裂纹的产生与扩展风险提升。根据轮盘喷丸处理条件、冷却槽几何形状和环境条件等特性，采用建议的检查和检查间隔可缓解裂纹扩展。

1. 喷丸强化效果

早期透平转子对表面缺陷的敏感性最高。这些转子在制造和点火时没有对透平进行全面喷丸。喷丸处理会消除残余压应力，并降低引发裂纹的风险。透平轮缘和透平燕尾槽在没有喷丸的情况下，会增加裂纹产生与扩展的风险。

2. 冷却槽

在运行期间，冷却槽和燕尾槽的交叉处受到由透平叶片拉动引起的高温和拉伸应力，高温和应力以及不利的边缘条件会在该位置产生裂缝，如图 42.2 所示。

有原始型、轮廓型的和增强型三种冷却槽形状，如图 42.3 所示。轮廓型（2002 年发布）和增强型（2006 年发布）冷却槽形状的开发旨在降低在早期型配置轮盘中的区域应力。有关原始和轮廓型冷却槽配置轮盘的涡流检查建议可参见表 42.1 和表 42.2，对于增强型冷却槽可以使用相同的检测设备。某些转子无论是原始型、轮廓型、增强型，还是具有增强型、轮廓型和/或原始型特点的复合型，均应遵循其适用的检查建议。如果在检查过程中检测到冷却槽裂纹，建议立即更换轮盘，以避免操作过程中轮盘松脱的风险。

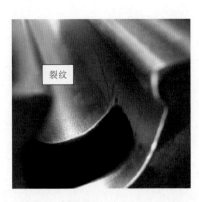 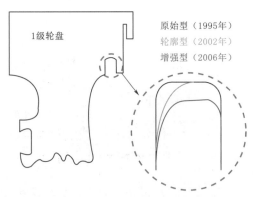

图 42.2 燕尾槽与冷却槽的裂纹　图 42.3 原始型、轮廓型和增强型的冷却槽外形

表 42.1　　　　　　　　　　　适用于 7F 第 1 级透平的轮盘配置

喷丸情况	冷却槽形状	平衡块槽和锁线槽	建议			适用零件号	
			检查	周期	机型	第 1 级	
已运行且没有喷丸	原始	原始	ECI、目视、BI、FPI、UT	每 24000h 或 900 次启动	7F	101E8627	109E3085
						103E5773	188D7369
						109E3896	227C5762
						103E5795	
未运行且没有喷丸	原始	原始	ECI	每 48000h 或 2400 次启动（如果未安装后切式叶片，则每 24000h 或 900 次启动）	7F	109E5589	119E2398
						109E5612	119E2621
			BI	CDC 未揭缸，每次 HGPI		114E1228	188D7996
						116E2434	196D1915
						109E5303	199D3931
			FPI	锁线槽：每次 HGPI，拆除叶片 平衡块槽：在 HGPI 期间移除每个主要部件和 CDC		116E3670	
						243C1494	
						117E5673	
未运行且没有喷丸	轮廓	原始	BI	CDC 未揭缸，每次 HGPI	7F	116E3967	
			FPI	锁线槽：每次 HGPI，拆除叶片 平衡块槽：在 HGPI 期间移除每个主要部件和 CDC		119E4181	
						119E3771	

续表

喷丸情况	冷却槽形状	平衡块槽和锁线槽	检查	周期	机型	第1级	
未运行且没有喷丸	增强	原始	BI	CDC 未揭缸，每次 HGPI	7F	323E2241	
			FPI	锁线槽：每次 HGPI，拆除叶片 平衡块槽：在 HGPI 期间移除每个主要部件和 CDC			
		没有平衡块槽与改进型	FPI	锁线槽：每次大修	7F	144E7560	
喷丸修改	原始	原始	参见适用的喷丸条件建议		7F	193D2053	193D2063

表 42.2　　　　　　适用于 7F 第 2 级透平的轮盘配置

喷丸情况	冷却槽形状	平衡块槽和锁线槽	检查	周期	机型	第2级	
已运行且没有喷丸	原始	原始	ECI、目视、BI、FPI、UT	每 24000h 或 900 次启动	7F	101E8629 103E5775 109E3897 103E5796	108E4197 227C5763
未运行且没有喷丸	原始	原始	ECI	如果 118T8421 已安装，每 100000h 或 3750 次启动，否则不需要 ECI 检查。注：检查时间可在 80000～108000h	7F	109E5591 109E5614	
			BI	CDC 未揭缸，每次 HGPI		114E1229	
			FPI	锁线槽：每次 HGPI，拆除叶片 平衡块槽：在 HGPI 期间移除每个主要部件和 CDC		116E2436 193D2400 199D3925	
未运行且没有喷丸	轮廓	原始	FPI	锁线槽：每次 HGPI，拆除叶片 平衡块槽：在 HGPI 期间移除每个主要部件和 CDC	7F	116E3968	
			BI	CDC 未揭缸，每次 HGPI		119E6503	
未运行且没有喷丸	增强	原始	BI	CDC 未揭缸，每次 HGPI	7F	323E2240	
			FPI	锁线槽：每次 HGPI，拆除叶片 平衡块槽：在 HGPI 期间移除每个主要部件和 CDC			
		没有平衡块槽与改进型	FPI	锁线槽：每次大修	7F	144E7562	
喷丸修改	原始	原始	参见适用的喷丸条件建议		7F	193D2055	193D2064

3．锁线槽

在透平机转子轮盘上也检测到锁线槽裂纹。这些类型的裂纹通常可以在现场进行修复，但需遵守维修限制，无须转子拆卸或更换轮盘。

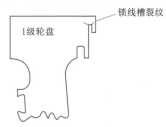

图 42.4 潜在的锁线槽裂纹方向

如图 42.4 所示，锁线槽凸耳处可能会形成锁线槽裂纹，锁线槽裂纹可能由以下原因引起：

（1）透平叶片安装、拆卸过程中受损。

（2）锁线圆角中的高应力。

现有专门的程序和工具，以降低在安装和拆卸透平叶片期间轮盘锁线槽凸耳产生裂纹的风险。相关操作应由 GE 透平机叶片技术人员执行，以确保使用适当的叶片安装和拆卸工具与技术。改进或后切的透平叶片减少了透平叶片加载到凸耳中。今天制造的轮子去掉了多余的冷杉树？，以避免透平叶片加载在凸耳上，如图 42.5 所示。

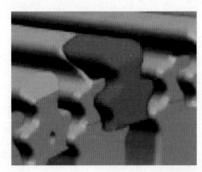
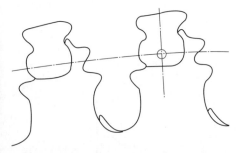

图 42.5 带和不带枞树的锁紧线扣（改进型）

4．平衡块槽

几个电厂在常规检查过程中，在转子上的平衡块槽发现了裂纹，如图 42.6 所示。由于平衡块铆固方法的可变性，在轮盘局部表面应力状态发生变化时容易产生裂纹。如果不处理前轮盘腹板上的裂纹，可能会导致轮盘材料部分脱落，尤其是位于 1 级轮盘上的裂纹。

GE 对透平叶轮已经改进，使得平衡块槽不需要冲铆以使平衡块周围的材料变形。图 42.7 中可以看到无支撑平衡槽。

图 42.6 平衡块槽桩痕开裂　　　　　图 42.7 无桩平衡块槽和改进的锁线槽

建议及措施

通过定期维护和检查可以避免事故发生和保持转子状态良好。表 42.1~表 42.6 提供了基于透平转子喷丸强化情况和几何特征的推荐检查。除了这些检查外，建议在所有透平转子上安装后切透平叶片。

表 42.3　　　　　　　　　　　适用于 9F 第 1 级透平的轮盘配置

喷丸情况	冷却槽形状	平衡块槽和锁线槽	建议			适用零件号	
			检查	周期	机型	第 1 级	
已运行且没有喷丸	原始	原始	ECI、目视、BI、FPI、UT	每 24000h 或 900 次启动	9F	101E2274	
						109E3982	
						103E3969	
未运行且没有喷丸	原始	原始	ECI	每 32000h 或 1200 次启动（如果未安装后切式叶片，则每 24000h 或 900 次启动一次）	9F	109E5254	
			BI	CDC 未揭缸，每次 HGPI			
			FPI	锁线槽：每次 HGPI，拆除叶片 平衡块槽：在 HGPI 期间移除每个主要部件和 CDC		111E2993	
未运行且没有喷丸	轮廓	原始	BI	CDC 未揭缸，每次 HGPI	9F	119E6594	
			FPI	锁线槽：每次 HGPI，拆除叶片 平衡块槽：在 HGPI 期间移除每个主要部件和 CDC			
未运行且没有喷丸	增强	原始	BI	CDC 未揭缸，每次 HGPI	9F	133E8667	
			FPI	锁线槽：每次 HGPI，拆除叶片 平衡块槽：在 HGPI 期间移除每个主要部件和 CDC			
		没有平衡槽与改进型	FPI	锁线槽：每次大修	9F	146E2874	
喷丸修改	原始	原始	参见适用的喷丸条件建议		9F	193D2023	193D2422
						193D2036	196D1632
						193D2050	198D1211
						188D7864	
						227C5743	

表 42. 4 　　　　　　　　　　　　　　　适用的 9F 第 2 级透平轮盘配置

喷丸情况	冷却槽形状	平衡块槽和锁线槽	建议			适用零件号
			检查	周期	机型	第 2 级
已运行且没有喷丸	原始	原始	ECI、目视、BI、FPI、UT	每 24000h 或 900 次启动	9F	101E2276 109E3893 103E3971
未运行且没有喷丸	原始	原始	ECI	如未安装后切式静叶，每 48000h 或 2400 次启动	9F	109E5256
			BI	CDC 未揭缸，每次 HGPI		
			FPI	锁线槽：每次 HGPI，拆除叶片 平衡块槽：在 HGPI 期间移除每个主要部件和 CDC		111E3298
未运行且没有喷丸	轮廓	原始	FPI	锁线槽：每次 HGPI，拆除叶片 平衡块槽：在 HGPI 期间移除每个主要部件和 CDC	9F	119E6597
			BI	CDC 未揭缸，每次 HGPI		
			ECI	仅当未安装后切式叶片时，每 48000h 时或 2400 次启动		
未运行且没有喷丸	增强	原始	BI	CDC 未移除时的每个 HGPI	9F	133E8776
			FPI	锁线槽：每次 HGPI，拆除叶片 平衡块槽：在 HGPI 期间移除每个主要部件和 CDC		
		没有平衡块槽与改进型	FPI	锁线槽：每次大修	9F	146E2875
喷丸修改	原始	原始	参见适用的喷丸条件建议		9F	193D2025 193D2037 188D7848 193D2106

表 42. 5 　　　　　　　　　　　　　　适用于 6F 第 1 级透平的轮盘配置

喷丸情况	冷却槽形状	平衡块槽和锁线槽	建议			适用零件号
			检查	周期	机型	第 2 级
未运行且没有喷丸	原始	原始	ECI	每 48000h 或 2400 次启动（如果未安装后切式叶片，则每 24000h 或 900 次启动一次）	6F	109E9194
			BI	CDC 未揭缸，每次 HGPI		
			FPI	锁线槽：每次 HGPI，拆除叶片 平衡块槽：在 HGPI 期间移除每个主要部件和 CDC		

续表

喷丸情况	冷却槽形状	平衡块槽和锁线槽	建议		适用零件号	
			检查	周期	机型	第 2 级
未运行且没有喷丸	轮廓	原始	ECI	96000h 或 3600 启动（如果未安装后切式铲斗，则每 48000h 或 2400 次启动）	6F	116E3992
			BI	CDC 未揭缸，每次 HGPI		
			FPI	锁线槽：每次 HGPI，拆除叶片 平衡块槽：在 HGPI 期间移除每个主要部件和 CDC		323E1860
未运行且没有喷丸	增强	原始	BI	CDC 未揭缸，每次 HGPI	6F	137E1002
			FPI	锁线槽：每次 HGPI，拆除叶片 平衡块槽：在 HGPI 期间移除每个主要部件和 CDC		
		没有平衡块槽与改进型	FPI	锁线槽：每次大修	6F	141E4569

表 42.6　　　　　　　　　　适用于 6F 第 2 级透平的轮盘配置

喷丸情况	冷却槽形状	平衡块槽和锁线槽	建议		适用零件号	
			检查	周期	机型	第 1 级
未运行且没有喷丸	原始	原始	BI	CDC 未揭缸，每次 HGPI	6F	109E9196
			FPI	锁线槽：每次 HGPI，拆除叶片 平衡块槽：在 HGPI 期间移除每个主要部件和 CDC		
未运行且没有喷丸	轮廓	原始	FPI	锁线槽：每次 HGPI，拆除叶片 平衡块槽：在 HGPI 期间移除每个主要部件和 CDC	6F	116E3994
			BI	CDC 未揭缸，每次 HGPI		323E1916
未运行且没有喷丸	增强	原始	BI	CDC 未揭缸，每次 HGPI	6F	137E1062
			FPI	锁线槽：每次 HGPI，拆除叶片 平衡块槽：在 HGPI 期间移除每个主要部件和 CDC		
		没有平衡块槽与改进型	FPI	锁线槽：每次大修	6F	141E4586

1.3 级叶轮及透平后部转子检查

不论机型和零件号，以下对透平转子 3 级叶轮（TW3）和透平后部转子（TAS）的检查都适用：

（1）TW3 平衡块槽。

1）需要冲铆的平衡块槽：每次大修和 HGPI 期间，CDC 揭缸时进行 FPI。

2）不需冲铆的平衡块槽：无须检查。

（2）TW3 安全锁线槽。

1）早期型：HGPI 期间，拆除叶片时进行 FPI。

2）改进型：每次大修进行 FPI 检查。

（3）TAS 平衡块槽。

1）需要冲铆的平衡块槽：每次大修和 HGPI 查期间，CDC 揭缸时进行 FPI。

2）不需冲铆的平衡块槽：无须检查。

2. 目测、BI 和 UT

对于所有未经喷丸处理的转子，建议在转子吊出后对其表面进行目视检查。为了完成目视检查，观察所有可触及的转子表面并对其进行 BI。具体而言，检查整体表面状况，如凹痕、刻痕、划痕、裂纹、凸起材料等。

检查的主要项目和检查方法如下：

（1）槽道圆角、槽底、凸舌和冷却槽（目视）。

（2）透平叶片位于叶轮上的冷却槽（目视、BI）。

（3）密封齿摩擦/涂层情况（目视）。

（4）缺失的平衡块（目视、BI）。

（5）检查法兰的螺母损坏或表面迹象（BI）。

（6）隔板和后轴拉筋（UT）。

3. FPI

建议使用 FPI 检测平衡块和安全锁线扣上的裂纹。建议检查的功能如下：

（1）平衡块槽。大修和 HGPI 期间，CDC 揭缸时。

（2）锁紧槽凸耳圆角。拆除透平叶片时。

如果发现裂纹状迹象，在大多数情况下，使用现场可以消除开裂的锁线片或平衡重桩标记。在个别情况下，由于超出了维修极限，需要更换叶轮。

4. 涡流探伤

涡流探伤用于透平燕尾榫检查（图 42.8）。

燕尾榫涡流探伤应在转子以表 42.1 规定的周期报废之前进行。在进行 ECI 之前，必须适当清洁透平机转子，以提高 ECI 设备的正常运行和准确读数。首选的清洁方法是干冰喷砂。

5. 改进的 1 级和 2 级透平叶片

通过减少通过叶轮这一区域的透平叶片负载量，可以提高冷却槽位置和锁紧线凸耳处裂纹萌生的可能性。改进型叶片可以改变叶片榫头中的负载分布，从而降低冷却槽处的应力水平。这种改进是通过在靠近冷却槽的透平叶片燕尾榫压力面上加工一个锥形泄压孔来完成的（图 42.9），称为燕尾榫"背切"。在新生产的 F 级透平叶片中加入了浮雕切割改进。

图 42.8　涡流探伤

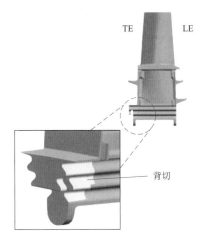

图 42.9　透平叶片燕尾榫改进

案例 43

F 级燃机透平 1 级轮盘裂纹

适用范围

有直接火焰作用在风险更高的 F 级 1 级轮盘表面。

案例背景

　　GE 重型燃机转子由堆叠的轮盘组成，这些轮盘在接触面上有过盈配合，有助于保持转子结构对准。为了在拆卸过程中消除转子盘之间的紧力，通常需要加热。加热拆卸透平转子的一种方法是气体环形加热器，如图 43.1 所示。气体环形加热器由多个喷嘴组成，这些喷嘴喷出火焰对燃机轮盘进行烘烤，以消除紧力。

　　加热器可能会给这些零件施加更大的残余应力或以其他方式损害这些零件的表面完整性，使得采用环形气体加热的部件上可能发现裂纹，如图 43.2 所示。一些采用镍基合金铸造的 1 级轮盘的机组在初始装配或返修过程中会使用气体环形加热器装卸。

图 43.1　气体环形加热器的应用

图 43.2　透平 1 级轮盘前表面裂纹

轮盘的裂纹是从透平 1 级轮盘平衡块槽开始并扩展，产生裂纹的原因包括以前的拆卸历史、机组工作温度、累计运行小时等。

建议及措施

建议在中修、大修或每 24000 运行小时对 1 级叶轮平衡块槽和透平 1 级轮盘前表面进行目视和 FPI，以确定是否有开裂迹象。

案例 44
F 级燃机 2 级动叶叶冠损坏

适用范围

适用于使用铸造部件号为 119E6182 的圆滑过渡或改进型透平 S2B 的 9F.01～03 燃机。

案例背景

部分采用复合曲线圆滑过渡的 S2B（部件号是 119E6182）的 9F 燃机机组出现了多种形式的损坏。

这些 S2B 在 BI 检查中发现，其吸气侧 Z 形凹口区域出现裂纹或材料缺失。这些裂纹从吸气侧 Z 形凹口圆弧处开始萌生、扩展，最终可能导致吸气侧叶冠在接触面处断裂，如图 44.1 所示。其中某些事件导致了非计划停机，由于受断裂材料的冲击破坏，某些处于寿命早期的 S2B 和/或 S3B 需要更换掉。一些叶片 Z 形凹口出处现裂纹但未断裂，在维修时也只能报废，如图 44.2 所示。

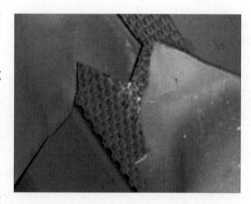

图 44.1 9F 机组 S2B Z 形凹口断裂（复合圆滑过渡型）

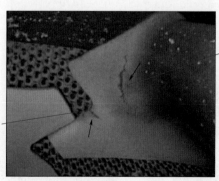

叶顶过渡区裂纹

Z形凹口裂纹

图 44.2 Z 形凹口裂纹和叶冠过渡区裂纹（复合圆滑过渡型）

在 BI 检查以及叶片修理过程中观察到在吸气侧叶冠过渡区的裂缝，如图 44.2 所示。这些裂纹是由材料蠕变所致。与 Z 形缺口处裂纹类似，这些叶冠过渡区裂纹导致零件在维修时已报废。目前还没有因为这类损坏导致非计划或强制停机检修，但是，裂纹沿着吸气侧叶冠过渡区发展会导致大块叶冠脱落，造成严重的二次损坏，最终导致强制停机检修。

为了帮助解决上述问题，GE 公司对 S2B 进行了改进。具体如下：

（1）重新加工叶冠的形状并增大 Z 形凹口的半径。

（2）增加隔热涂层。

（3）在吸气侧叶冠区域增加冷却孔。

但改进后的部分机组在 BI 检查发现有出现 Z 形凹口脱落现象，如图 44.3 所示。

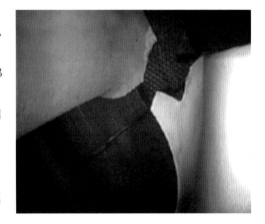

图 44.3　9F 机组 S2B 叶冠损坏（改进型）

建议及措施

S2B 损坏的发生是多种因素导致的，包括：

（1）部件的构造，如复合圆滑过渡型和改造。

（2）部件老化，燃烧小时。

（3）机组运行工况。

为了减少 S2B 叶冠材料脱落及其造成的二次损坏，建议执行 BI 检查监视复合圆滑过渡型和改进型 S2B 叶冠。推荐的 BI 检查时间安排和频率见表 44.1 和表 44.2。表 44.1 适用于运行一定小时数后进行升级改造的叶片。表 44.2 适用于未运行前就进行升级改造的叶片。

表 44.1　复合圆滑过渡型和改进型 S2B 推荐的 BI 检查安排（投产后才改造）

S2B 累计运行小时数/h	内窥镜检查频率
<44000	每年
44000~64000	每 4000h
>64000	每 2000h

表 44.2　复合圆滑过渡型和改进型 S2B 推荐的 BI 检查安排（投产前就已经改造）

S2B 累计运行小时数/h	内窥镜检查频率
<64000	每年
>64000	每 4000h

1. 推荐的 S2B 检查工序

（1）检查 92 片叶片叶冠材料脱落和叶冠背面圆滑过渡区及 Z 形凹口圆弧处有无线状裂纹。

（2）如果在叶冠背面观察到裂纹，提交照片和裂纹位置的描绘记录，反馈给 GE，以获得进一步的建议。

（3）如果叶冠已出现材料断裂，则：

1）观察每片 S2B 的叶冠在相关位置是否也出现了材料缺损。

2）如果两个或两个以上相邻叶冠接触面区域出现材料缺损，则建议更换 S2B。

3）如果与出现材料断裂叶片相邻的叶片的叶冠背面处有肉眼可见的线状裂纹，需根据裂纹情况，采取进一步的措施。

4）对 S3B 进行检查，确认是否对 S3B 造成附带损伤。

（4）S2B 叶冠断裂在以下情况下可以继续运行：

1）该损坏叶片相邻的叶片叶冠无损坏（疑似裂纹或断裂）。

2）任何 S3B 外物击伤不严重（例如在可打磨的范围内）。

注意：继续监测机组振动变化，变化显示可能有材料断裂和/或外物击伤。

2. 推荐的 S3B 检查工序（如果需要）

检查所有 S3B 是否有冲击损伤：

（1）如果任何/所有的损伤都在可打磨范围内，则进行现场打磨修复受损区域。咨询 GE 损伤是否在可打磨范围内。

（2）如果任何损伤超出可打磨范围，将损坏情况的照片反馈给 GE 进一步确认和处理（也许需要更换部件）。

3. 受影响的 S2B 部件号和推荐的优化方案

表 46.3 总结了铸造部件号为 119E8182 的 S2B 组件（铸造部件号可在位于叶片压力侧叶柄表面的铭牌上找到，如图 44.4 所示），其处理方案为：

（1）复合圆滑过渡型 S2B 备件需要送回 GE 维修中心进行进一步的评估，并且在安装和运行之前可能需要升级优化。

（2）正在运行的复合圆滑过渡型和改进型的部件，在完成当前的运行周期后需要被送回 GE 维修中心进行进一步评估。

表 44.3　　受影响的 S2B 组件

受影响的 S2B 组件部件号
100T7087G001/2/5/6/8/9/13/14
247B5783G012/16/17/20/24/30
107T9835G0001
100T7087G016
125T7946G0001

图 44.4　铸造部件号为 119E6182 的部件铭牌

案例 45
F 级燃机的紧固螺栓断裂

适用范围

适用于 F 级机组，包括 6F.01、6F.03、7F.03、7F.04、7F.04 – 200、7F.05、

9F.03、9F.04、9F.05 机型中满足以下条件中任意一项者：

(1) 2015 年 4 月—2019 年 9 月期间的新造机组。

(2) 2015 年 4 月—2019 年 9 月期间收到或者升级改造中包括表 45.1 中零件的机组。

(3) 2015 年 4 月—2019 年 9 月期间，送修至 GE 修理工厂或者收到 GE 修理工厂返修件中含有表 45.1 中零件的机组。

案例背景

2018 年中期，在计划孔探检查中发现某台 GE 重型燃机燃烧系统中螺栓断裂。该零件的断裂导致下游热通道部件的损坏。此次事故原因调查显示，螺栓的制造工艺是造成该螺栓断裂的原因。

受影响的零件包括燃烧系统、热通道以及缸体结合面的螺纹螺栓、六角螺栓、十二角螺栓、十二角螺母、防转销。受影响的零件可以通过零件上的标印进行识别。如果列出的紧固件有"CSA"标印，则执行下列建议。如果机组上列出的紧固件没有这个标印，则以下建议不适用。

建议及措施

建议对表 45.1 零件进行检查，以核实装机或备用紧固件是否有"CSA"标印。图 45.1～图 45.21 标示了零件的具体安装位置。如果装机或备用零件确定标有"CSA"标印，那么推荐在规定周期内更换该零件。对于那些已经装机的零件，可以推迟到下一次计划性检修（小修、中修或大修）进行目视检查。

表 45.1　　　　　　　　　　　需 检 查 的 零 件

机型	紧固件零件号	单件名称	组件中的零件数量	图片	组件名称	换件节点	换件地点	每台机的零件数量
6F.01	357A1759P001	十二角螺母	3	45.1	过渡段组件	下一个小修	修理工厂	18
	N733FP35044	十二角螺栓	4	45.2	压气机排气—透平缸	下一个中修	现场	4
	353B3864P002	过渡段定位销	18	45.12	过渡段布置图	下一个小修	现场	18
6F.03	357A1759P001	十二角螺母	3	45.1	过渡段组件	下一个小修	修理工厂	18
	207C3851P003	喷嘴隔板螺栓	48	45.3	2 级喷嘴布置图	下一个中修	修理工厂	48
			40		3 级喷嘴布置图			40
	353B3864P002	过渡段定位销	18	45.12	过渡段布置图	下一个小修	现场	18
	N733CP25030	十二角螺栓	8	45.13	燃烧室布置	下一个小修	现场	8
7F.03	357A1759P001	十二角螺母	2	45.4	过渡段组件	下一个小修	修理工厂	28
	353B2508P001	1 级喷嘴防转销	24	45.5	1 级喷嘴布置图	下一个中修	现场或工厂	24
	N733DP35048	十二角螺栓	48	45.17	抽气管路布置图	下一个小修	现场	48

机型	紧固件零件号	单件名称	组件中的零件数量	图片	组件名称	换件节点	换件地点	每台机的零件数量
7F.04	357A1759P001	十二角螺母	2	45.4	过渡段组件	下一个小修	修理工厂	28
	N14JP25016	六角螺母	32	45.6	1级喷嘴布置图	下一个中修	现场	32
	N733DP35048	十二角螺栓	48	45.17	抽气管路布置图	下一个小修	现场	48
	N733CP33048	十二角螺栓	112	45.18	燃料管布置图（PM1）	下一个小修	现场	112
			112	45.19	燃料管布置图（PM2）	下一个小修	现场	112
7F.04-200	357A1759P001	十二角螺母	2	45.4	过渡段组件	下一个小修	修理工厂	28
	N14JP25016	六角螺栓	32	45.6	1级喷嘴布置图	下一个中修	现场	32
	N733CP25030	十二角螺栓	8	45.14	燃烧室布置图	下一个小修	现场	8
	N733DP35048	十二角螺栓	48	45.17	抽气管路布置图	下一个小修	现场	48
	N733CP33048	十二角螺栓	112	45.18	燃料管布置图（PM1）	下一个小修	现场	112
			56	45.20	燃料管布置图（PM2）	下一个小修	现场	56
	N14CP24020	六角螺栓	10	45.21	端帽及挡板组件	下一个小修	修理工厂	140
7F.05	357A1759P001	十二角螺母	2	45.4	过渡段组件	下一个小修	修理工厂	28
	N14JP25016	六角螺栓	32	45.6	1级喷嘴布置图	下一个中修	现场	32
	N733DP33064	十二角螺栓	176	45.7	排气扩散段组件	下一个大修	现场	176
	N733CP25030	十二角螺栓	8	45.14	燃烧室布置图	下一个小修	现场	8
	N733DP35048	十二角螺栓	48	45.17	抽气管路布置图	下一个小修	现场	48
	N733CP33048	十二角螺栓	112	45.18	燃料管布置图（PM1）	下一个小修	现场	112
			56	45.20	燃料管布置图（PM2）	下一个小修	现场	56
	N14CP24020	六角螺栓	10	45.21	端帽及挡板组件	下一个小修	修理工厂	140
9F.03	357A1759P001	十二角螺母	2	45.4	过渡段组件	下一个小修	修理工厂	36
	353B3864P001	过渡段定位销	54	45.8	过渡段布置图	下一个小修	现场	54
	287A1679P011	十二角螺栓	1	45.15	过渡段组件	下一个小修	修理工厂	18
	N733DP35048	十二角螺栓	24	45.16	排气扩散段组件	下一个大修	现场	24

续表

机型	紧固件零件号	单件名称	组件中的零件数量	图片	组件名称	换件节点	换件地点	每台机的零件数量
9F.04	357A1759P001	十二角螺母	2	45.4	过渡段组件	下一个小修	修理工厂	36
	353B3864P001	过渡段定位销	54	45.8	过渡段布置图	下一个小修	现场	54
	N733DP35048	十二角螺栓	24	45.16	排气扩散段组件	下一个大修	现场	24
9F.05	357A1759P001	十二角螺母	2	45.4	过渡段组件	下一个小修	修理工厂	36
	353B3864P001	过渡段定位销	54	45.8	过渡段布置图	下一个小修	现场	54
	355B8753P031	双头螺纹螺栓	6	45.9	压气机排气缸	下一个中修	现场	6
	357B4754P001	双头螺纹螺栓	4	45.10	透平缸	下一个中修	现场	4
	N14JP23020	六角螺栓	40	45.11	1 级喷嘴布置图	下一个中修	现场	40

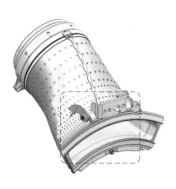
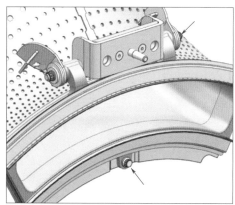

图 45.1　6F.01 和 6F.03 过渡段组件需要更换的螺母（357A1759P001）

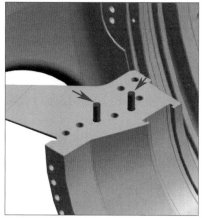

图 45.2　6F.01 压气机排气缸和透平缸需要更换的螺栓（N733FP35044）

图 45.3　F.03 2 级喷嘴组件和 3 级喷嘴组件需要更换的
喷嘴隔板螺栓（207C3851P003）

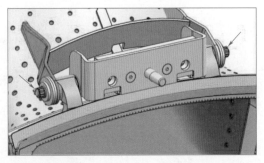

图 45.4　7F.03、7F.04、7F.04 - 200、7F.05、9F.03、9F.04 和 9F.05
过渡段组件需要更换的螺母（357A1759P001）

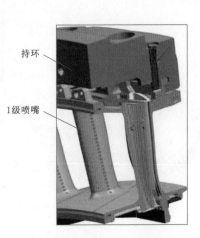

持环

1级喷嘴

图 45.5　7F.03 1 级喷嘴组件布置图需要更换的防转销（353B2508P001）

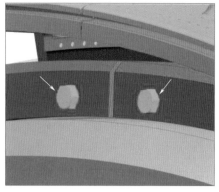

图 45.6　典型的 7F.04、7F.04 - 200 和 7F.05 1 级喷嘴组件布置图
需要更换的螺栓（N14JP25016）

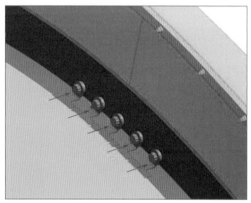

图 45.7　7F.05 排气扩散段组件需要更换的螺栓（N733DP33064）

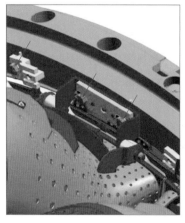

图 45.8　典型的 9F.03、9F.04 和 9F.05 过渡段组件布置图需要
更换的螺栓（353B3864P001）

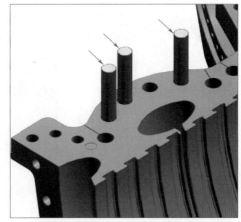

图 45.9 9F.05 压气机排气缸组件需要更换的螺栓（355B8753P031）

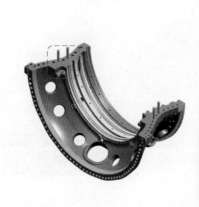

图 45.10 9F.05 透平缸组件需要更换的螺栓（357B4754P001）

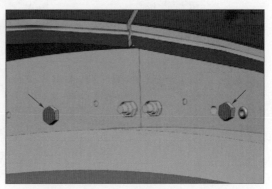

图 45.11 9F.05 1 级喷嘴组件布置图需要更换的螺栓（N14JP23020）

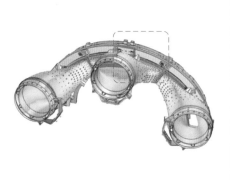
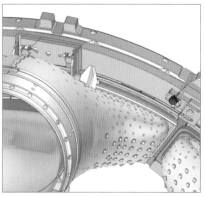

图 45.12　典型的 6F.01、6F.03 过渡段组件布置图需要更换的螺栓（353B3864P002）

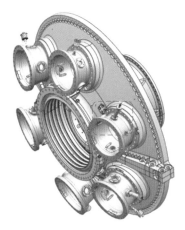

图 45.13　6F.03 燃烧室布置图需要更换的螺栓（N733CP25030）

图 45.14　典型的 7F.04 – 200 和 7F.05 燃烧室布置图需要更换
的螺栓（N733CP25030）

图 45.15　9F.03 过渡段组件需要更换的螺栓（287A1679P011）

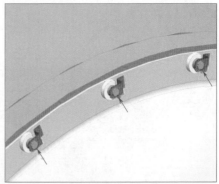

图 45.16　典型的 9F.03 和 9F.04 排气扩散段组件需要更换的螺栓（N733DP35048）

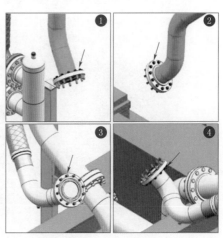

图 45.17　典型的 7F.03、7F.04、7F.04-200 和 7F.05 抽气管路布置图
需要更换的螺栓（N733DP35048）

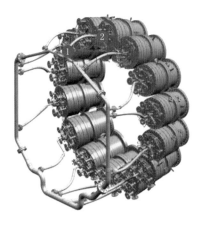

图 45.18　典型的 7F.04、7F.04 - 200 和 7F.05 燃料气管路布置图（PM1）
需要更换的螺栓（N733CP33048）

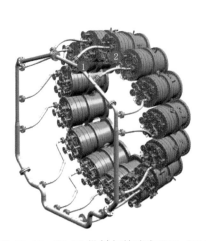

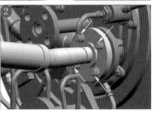

图 45.19　7F.04 燃料气管路布置图（PM2）需要更换的螺栓（N733CP33048）

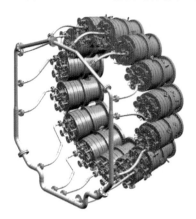
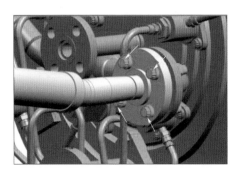

图 45.20　典型的 7F.04 - 200 和 7F.05 燃料气管路布置图（PM2）
需要更换的螺栓（N733CP33048）

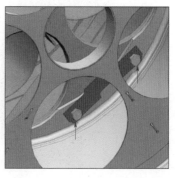

图 45.21 典型的 7F.04－200 和 7F.05 燃料喷嘴端盖及挡板组件
需要更换的螺栓 （N14CP24020）

案例46
F级燃机2级动叶护环损坏

适用范围

所有 9FA/9FA＋e 机组图号为 112E1609 的 S2B。

案例背景

燃机动叶的功能是将气流中的动能转换为作用于透平轴或转子的功使之旋转。动叶在机组运行过程中会承受较大的离心拉力负载。

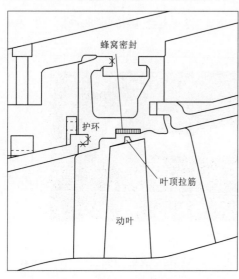

图 46.1 护环和动叶接口

9FA 燃机的 S2B 目前设计包含一个叶顶围带，用于嵌入护环的蜂窝密封，以便控制动叶顶端和护环蜂窝密封之间的间隙（图 46.1）。

多年来，GE 对此动叶导轨状叶顶围带进行了完善（图 46.2），过程如下：

（1）原始设计（配置 A）由直轨状的（无材料减少）叶顶围带组成。此动叶设计带有实心/非蜂窝式护环配置。

（2）配置 B 引入了前端刀形齿和扇形（减少了材料）叶顶围带的设计。刀形齿特征是在护环引入蜂窝密封设计后发布的。此设计组合的目的是在动叶顶端和护环之间实现更好的间隙控制并减少泄漏。同时，引入了叶顶围带弧形特征，以帮助减少在机组运行

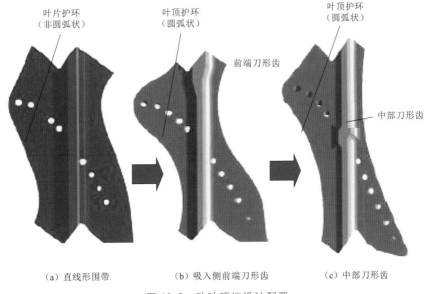

（a）直线形围带　　　　　　（b）吸入侧前端刀形齿　　　　　（c）中部刀形齿

图 46.2　动叶顶端设计配置

期间作用在动叶顶端的离心力负载。

（3）配置 C 的设计包括位于中心位置的顶端加强刀形齿，并对叶片顶端进行了弧形加工。

2002 年年初，7FA 燃机 S2B 首次推出叶片顶端中心刀形齿和扇形设计，作为前端刀形齿设计的增强。增强设计功能如下：①将刀形齿从迎风侧偏置位置重新定位到叶顶围带上更中心的位置，以减少在机组运行过程中由于离心负载而对动叶的迎风侧叶顶围带施加的应变量；②在动叶围带上倾斜扇形（材料去除），以减少在机组运行期间对动叶叶顶围带施加的压力和拉力负载。

某电厂检修中，发现一个进气侧前端刀形齿的 S2B（配置 B）顶端出现裂纹和材料缺失现象（图 46.3），动叶顶端由于动叶叶顶围带材料的蠕变而断裂（图 46.4）。

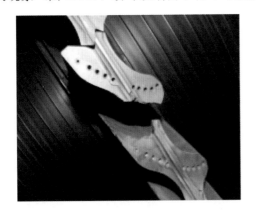

图 46.3　某 9FA 燃机 S2B 叶顶围带损坏

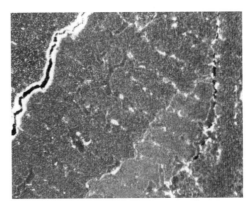

图 46.4　观察到的蠕变空隙

S2B 蠕变主要由以下原因导致：机组运行期间，进气侧悬臂式刀形齿增加的质量和围带在动叶顶端引起较大的应力变化，这种应力变化导致动叶顶端隆起而使材料缺失。

建议及措施

为了防止这种类型的蠕变断裂，建议在第一个中修时将该部件进行维修。

更换新的备件也可以通过修复延长使用寿命。

如果机组已经进行过中修，应该在接下来有机会执行 BI 检查时进行 S2B 顶端筋条状态评估。

案例 47
分段铸造透平喷嘴损坏

适用范围

所有带分段铸造透平喷嘴的燃机。

案例背景

分段铸造喷嘴应用于各种各样的 GE 燃机。喷嘴是静止部件，引导和加速高温气体通过燃机透平并产生推力。1 级喷嘴还用于设置通过燃机的质量流量。

这些分段铸造透平喷嘴能够承受一定程度的劣化和开裂，而不会对机组性能造成较大影响或对下游部件造成损坏。同样，在 HGPI 之前发现喷嘴损坏是预料之中的，在大多数情况下不需要立即修理。出现损坏的喷嘴段通常能够在没有任何重大问题的情况下运行到 HGPI，并且在计划拆除时仍然可以修复。

影响喷嘴状况和劣化率的一些因素包括但不限于负载负荷、燃料、运行和维修历史。

BI 检查过程中观察到的常见喷嘴损坏状况如下。

1. 喷嘴开裂

任何燃机铸造喷嘴都可能发生开裂，对于 1 级喷嘴来说尤其如此，因为它们在比下游级更高的温度下工作。

在 1 级铸造喷嘴段中观察到的开裂通常是热循环的结果。然而，在 1 级喷嘴之后观察到的裂纹损伤通常由蠕变驱动。裂纹主要在翼型的外前缘开始（图 47.1）。由于启动次数增加，调峰运行机组的喷嘴更容易开裂。

需要注意的是，喷嘴裂纹是正常现象，喷嘴材料脱落并导致下游部件损坏的事件非常罕见。喷嘴裂纹通常在运行初期发生并扩展，但随着时间的推移，裂纹往往会减慢、中止。每年需对喷嘴裂纹进行 BI 检查。

2. 氧化及腐蚀

氧化损伤通常会在喷嘴的特定区域产生金属损失，并且可能因段而异。一般来说，这种氧化损伤会发生在 1 级喷嘴上，因为与下游喷嘴相比，1 级喷嘴在更高的温度环境中运行。通常在喷嘴段的内外侧壁上可看到大多数氧化损伤。

在一些罕见的情况下，由于内部冷却腔受到污染，导致喷嘴翼型氧化，如图 47.2 所示。

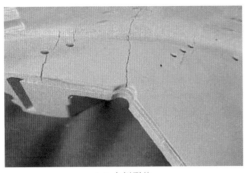

（a）内侧裂纹

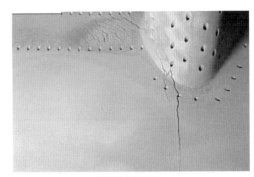

（b）进气侧裂纹

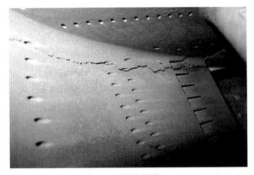

（c）弧弦裂纹

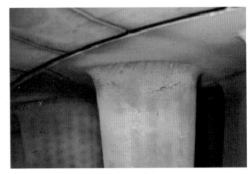

（d）前缘裂纹

（e）后缘裂纹

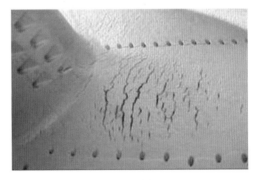

（f）热裂纹

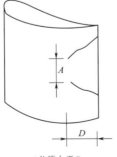

A 必须大于 D
D 不能超过叶片弧长的 1/4

（g）典型的喷嘴裂纹情况

图 47.1　典型的喷嘴裂纹

图 47.2 氧化损伤

3. 涂层剥落

观察到涂层剥落，如图 47.3 所示。涂层剥落的发生率很低，可能是异物损坏、基底金属裂纹、正常工作应力、高温或其他特殊原因造成的。

涂层的主要功能是作为保护层，保护基底金属免受高温气体的侵害，有助于确保零件的可修复性。涂层损失不会影响喷嘴的功能或可操作性，然而，母材长时间暴露在高温气体中可能会导致维修过程中增加部分后果。

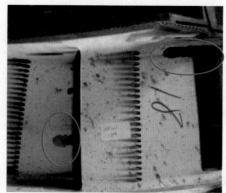

图 47.3 涂层剥落

4. 异物损坏

异物损坏（图 47.4）可能导致喷嘴损坏，会以凹痕的形式影响喷嘴翼型和侧壁，并因撞击而造成其他损坏。异物损坏一般不影响零件的可操作性和功能性，且零件连续操作的风险较低。

5. 喷嘴异常情况

图 47.5 为一些喷嘴异常状况，可能需要根据剩余运行小时数决定部件是否更换。

决定喷嘴是否继续使用的三个关键因素是：

（1）部分喷嘴段松动并流向下游的概率。

（2）大量喷嘴材料的损失会干扰气流，从而导致燃烧系统的正常功能出现问题。

（3）材料损失，可能导致大量热气吸入或回流到喷嘴（翼型或侧壁），并迅速加速其退化。

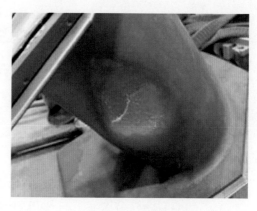

图 47.4 异物损坏

图 47.5　异常喷嘴状况

建议及措施

加强 BI 检查频次。如果在 HGPI 间隔之前观察到裂纹，则无须立即采取措施。但是，如果检测到异常情况，需根据损坏情况综合判断，决定部件是否需要更换。

案例 48
天然气气质差造成叶片腐蚀

适用范围

所有重型燃机。

案例背景

某些机组因燃料品质差造成热通道部件热腐蚀，在其中一些情况下，热腐蚀导致透平 3 级叶片根部腐蚀。这些部件的运行时间不到 2000h。叶片腐蚀和沉积物如图 48.1 和图 48.2 所示。

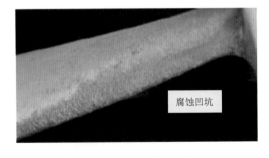 

图 48.1　透平 3 级叶片腐蚀凹坑　　　　图 48.2　透平 1 级喷嘴沉积

燃料品质差对所有热通道部件都会造成热腐蚀损坏，而第 2 级和第 3 级的部件最容易受到这种热腐蚀的影响，这是污染物、燃烧后的气体与受影响的部件的材料发生化学反应所致。腐蚀产物沉积并积累在根部，削弱了金属强度，加上相对较高的应力，会导致叶片开裂或变形。

对一些机组发生的热腐蚀的原因进行分析，考虑了运行方式、部件、燃料和其他参数，发现腐蚀实例的一个共同因素是在部件上存在污染物。

建议及措施

燃料的性能应符合规程要求。一般来说，天然气污染主要发生在运输和储存过程中，这类问题经常是不规律的，很难检测到。如果有潜在的燃料污染，建议定期分析燃料性能，以确保符合规范，并加强机组的检查。

案例 49 ——
燃机透平间水系统泄漏

适用范围

所有安装冷却水系统和水洗系统的燃机。

案例背景

透平间内的水泄漏会导致压气机故障，由于缸体冷却不均匀而造成不可挽回的损坏。透平间水系统的故障和泄漏需要重点关注，以避免机组故障。冷却水系统主要包括润滑油系统冷却系统、火焰检测器冷却、发电机气体冷却器、启动装置［柴油机、静态启动器（LCI）］、透平机支撑腿（如果适用）。

该系统的组件位于附件模块、燃机基座、发电机基座和 LCI 基座（如果需要）上，包括热交换器（板和框架/壳和管）、蝶阀、孔板、球阀、针形阀和温度调节阀。为了使系统提供足够的冷却，必须遵守适当的维护指南。

通过水洗系统去除污垢沉积来恢复压气机的性能，也可以减缓腐蚀的进程。水洗系统包括连接的管道、电机或阀门，以及相应的喷雾管道、一级进气喇叭口、燃烧区和排气扩压段的输水系统。

泄漏和不正常的流量会影响这两个系统的可操作性，发生在透平间的泄漏还会对压气机造成重大危害。对于冷却水系统，润滑油温度高也会造成机组跳闸，除了冷却效果变差外，冷却水系统的泄漏还会造成燃机其他风险，如火检冷却水的泄漏。冷却水泄漏到透平以及压气机缸体上会使部件变形，并导致旋转部件损坏。某台机组运行中火检冷却水泄漏到压气机缸上，导致压气机间隙变小，使压气机损坏。

处于寒冷地区的机组通常会在冷却水液中加入防冻液，如乙二醇或丙二醇。某北方电厂含有防冻液的冷却水在运行中泄漏，引起火灾（图 49.1）。

图 49.1 防冻液引起的火灾

建议及措施

建议在机组检修期间定期检查冷却水系统、水洗系统。主要检查内容如下：

（1）确认管道和油管支持正确，没有任何摩擦或磨损。

（2）检查有无损坏，包括磨损、连接件松动、干扰、摩擦或其他可能导致泄漏或系统故障的情况。

（3）检查火焰检测器冷却盘管时，确保夹具没有与冷却管接触。验证火焰检测器冷却盘管是否紧密，夹具和冷却盘管之间没有相对运动。目视检查火焰检测器冷却盘管的磨损情况。若发现磨损，应立即更换冷却盘管，以避免冷却水泄漏。

（4）运行中密切监控闭冷水水箱的水位。水位的任何显著下降都表明冷却水系统有泄漏。对于火焰检测器冷却盘管，确保高点排气阀安装运行前放尽管道内的空气。

（5）由于可能造成硬件损坏和火灾，应视冷却水、水冲洗部件与天然气系统、油系统部件同等重要。另外，系统定期检查可及早发现问题，避免可能存在的性能降低和设备损坏。

案例 50
燃机透平间温度高

适用范围

所有燃机。

案例背景

绝大多数燃机透平间通风风机安装在仓室顶部，一台风机运行，另一台风机备用。透平间的热空气通过一个排风管道从顶部引出。一些机组使用一个加正压系统，包括辅机间、透平间、负荷间和燃料模块，防止沙子和灰尘进入这些仓室。透平间的通风由仓室内的温度开关或热电偶控制。风机出口安装有逆止阀，防止风机出口的热空气回流到风机进口。

部分机组出现通风系统运行正常但透平间温度升高的情况，这与燃机和通风设备的不当维护做法或安装有关。

温度升高的主要原因是：

（1）联焰管泄漏，垫圈有缺陷（图 50.1）。

（2）排气框架和扩压段法兰张口（图 50.2）。

（3）CDC 缸堵头缺失（图 50.3）。

（4）冷却空气回路机械问题（膨胀节撕裂，生锈/卡住阻尼器）。

（5）燃烧端盖/管道泄漏（图 50.4）。

（6）管道泄漏（软管、冷却和密封空气）（图 50.5）。

（7）压气机和燃机透平缸法兰泄漏。

受嵌在外部钢板和内部穿孔内衬板之间的保温材料以及透平缸的辐射热量的影响，安装在罩壳上的温度传感器（图50.6）测量的温度可能比仓室内实际温度偏高。热电偶受热辐射影响较小，建议将温度传感器更换为热电偶。

图 50.1 联焰管泄漏

失去密封能力，需要现场焊接

图 50.2 排气框架与扩压段法兰张口

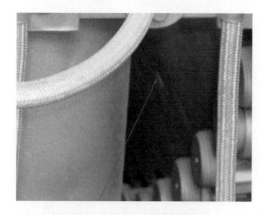

图 50.3 CDC 缸堵头缺失

气体泄漏

气体泄漏

图 50.4 燃烧端盖/管道泄漏

图 50.5 管道泄漏（软管、冷却和密封空气）

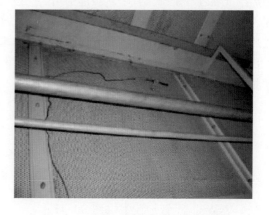

图 50.6 安装在罩壳上的温度传感器

建议及措施

1. 检查及维护

（1）加强透平间通风系统的维护。应特别注意任何可能对透平间温度产生不利影响的部件：

1）管道—法兰松动，垫圈损坏/松动，隔室壁穿透间隙过大，缺失插头。

2）通风挡板。

a. 重力挡板应使百叶能自由移动。

b. 应检查所有重力挡板，以确认平衡重量已正确设置。当设置正确时，百叶应移动到没有气流的情况下完全关闭，以最小的力打开。

c. 检查二氧化碳驱动挡板正确位置。

3）通风管道膨胀节完整，接缝长度至少应超过 1cm，以避免拉应力损伤。

4）温度传感器设定点应按规程要求进行设置。

5）联焰管：检查垫圈和密封，确保其没有缺失和损坏。

（2）透平间的空气密封完整性对通风系统的正常运行也是至关重要的。透平间与相邻仓室或外部空气的密封不当会降低通风系统的效率。检查或执行以下操作，以确保透平间密封良好：

1）CO_2 浓度测试（通常应在安装/调试期间进行）。

2）烟感测试（可在 CO_2 浓度测试之前进行，以验证罩壳完整性）。

3）对透平间、排气扩压间和负荷间进行透光检查。

2. 屏蔽/转移温度传感器

（1）装在罩壳保温墙表面的温度传感器如果没有保护罩，可能无法准确测量空气的温度。屏蔽传感器可以导致感知温度下降10℃。

（2）重新布置温度传感器，并安装防辐射屏以保护传感器免受辐射热影响（图 50.7 和图 50.8）。

（3）检查温度传感器设定值是否符合规程要求。

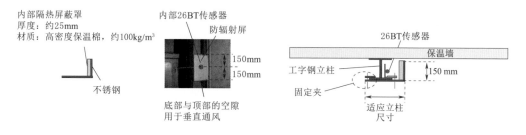

图 50.7　防辐射屏安装图例　　　　　图 50.8　26BT-1 & 2防辐射屏安装说明

3. 加强透平间温度监测

透平间温度升高的原因分析一直很困难。对于遇到透平间温度升高的机组，建议在排气管道中安装热电偶（图 50.9 和图 50.10），为温度变化提供早期指示，并为后续故障排除工作收集数据。

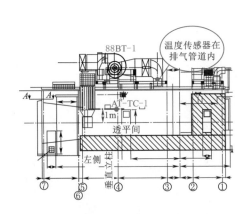

图 50.9　透平间截面

图 50.10　透平间排气管道热电偶安装示意图

如有高温情况，应记录以下数据点，以便后续分析：

（1）透平间温度。

（2）排气温度。

（3）环境空气温度。

（4）温度开关状态（on 或 off）。

（5）BT 风机状态（启或停）。

这些记录应尽可能早地追溯过去，以便诊断高温的原因。在透平检查或维护期之后，应检查前后的温度变化，并在必要时采取故障排除措施，以尽快确定原因并纠正。

第 7 章　燃烧器

案例51
DLN2.0＋燃烧室端盖管道法兰裂纹

适用范围

DLN 2.0＋燃烧系统。

案例背景

燃烧室端盖的PM4管道短节上，在与燃气柔性软管相连处下游有一焊接法兰，此焊接法兰上的环形焊缝是裂纹易发生部位，已造成多台机组出现燃气泄漏。

某现场危险气体探头发现了一处泄漏，通过燃烧室硬件检查，在16号燃烧室的PM4法兰上发现了裂纹，如图51.1所示。

原因分析的结果表明，当前PM4焊接法兰的环形焊接部位不足以承受来自燃料供应软管的载荷。与此同时，对具有相似连接设计的PM1法兰进行了分析，结果发现，PM1管道短节失效的风险要比PM4小得多，在超过两百万个点火小时中没有发现PM1焊接接头存在现场失效的现象。为了验证这一分析，对PM1接头进行额外的现场测试。

建议及措施

建议9FA＋e燃机和DLN2.0＋燃烧系统执行以下要求：

（1）对所有8k、12k和24k的燃烧部件，在下次计划检修时，按照改造方案对端盖进行加工。

（2）在投入使用前，所有端盖备件均须完成改造。

（3）核实PM4柔性软管是否安装正确。不正确的安装会在管道及其相关连接处形成过大的应力。

（4）对于使用8k、12k和24k硬件的所有现场，要对PM4法兰焊缝进行着色探伤，每半年一次，直到完成建议的PM4管道短节改造（图51.2）。

（5）对PM1焊接法兰进行着色探伤检查。

（6）由于燃机间内有存在可燃气体混合物的潜在风险，强烈建议执行天然气系统泄漏爆炸案例（案例57）中的建议。

长颈法兰

新焊缝

图 51.1 显示有裂纹的 PM4 管道   图 51.2 处理完成后的 PM4 管道短节

案例 52
天然气管线汇管对焊管座裂纹

适用范围

7F 和 9F 重型天然气燃机。

案例背景

管线汇管用来引导空气和天然气进入燃机燃烧室（图 52.1 和图 52.2），部分燃机电厂在雾化空气和天然气管线汇管对焊管座上发现轻微裂纹（图 52.3）。

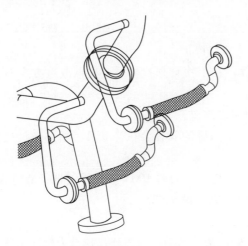

图 52.1 雾化空气汇管   图 52.2 PM4 天然气汇管

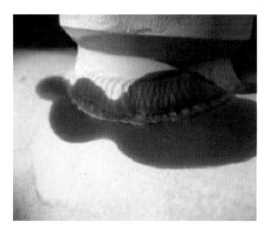

图 52.3　对焊管座裂纹示例

对焊管座裂纹的材料分析没有明显的导致裂纹的冶金缺陷（多孔、空洞、夹杂物、底部沟槽等），而管线汇管和支撑对于对中和外力的影响非常敏感。以下因素对于对焊管座裂纹有一定的影响：

（1）弹性金属软管太长或太短。弹性软管太短会产生拉力和额外的应力附加在对焊管座上。同时，金属软管的压力会在相反的方向产生同样的效果。

（2）在安装或检修过程中，汇管的连接可能会有额外的拉力或压力。

（3）燃烧脉动导致疲劳。

建议及措施

（1）根据相关图纸确认雾化空气和天然气汇管正确就位。

（2）在拆解过程中，连接到受影响汇管的弹性软管需要进行测量以保证其合适的长度。

（3）对雾化空气和天然气管线汇管进行 NDT，一旦发现裂纹缺陷，应及时处理。

（4）根据图纸要求设置正确的推力轴承间隙以减小轴向振动。

（5）在安装过程中，确保没有额外的应力作用在弹性软管上。

（6）在之后的检修过程中目视检查雾化空气和天然气汇管对焊管座，确认没有明显的缺陷。

案例53

透平间罩壳架空起重机脱轨

适用范围

所有 7FA、9FA、7FB、9FB、7H 和 9H 透平间罩壳架空起重机（MLI-1648）。

案例背景

F 级燃机透平间罩壳配备了架空起重机，以方便罩壳内的设备检修。该起重机安装在透平间罩壳内的两根工字梁上，并沿工字梁的整个长度平行移动，如图 53.1 所示。该起重机可在罩壳顶不拆除的情况下起吊燃机罩壳内的设备。

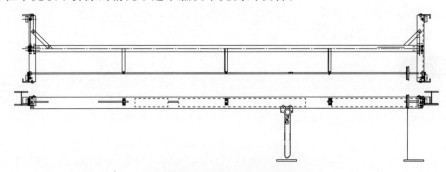

图 53.1　典型的架空起重机

部分电厂由于起重机轨道间距不足和限位，可能导致起重机错位脱轨（图 53.2），从

图 53.2　起重机滚轮脱轨

而导致设备损坏。目前的起重机设置了限位，防止起重机脱轨坠落。

建议及措施

（1）建议在所有尚未安装的起重机上安装限位，如图 53.3 所示。没有安装限位的情况下禁止起重机运行。

（2）对于所有起重机进行以下检查：

1）检查起重机轨道梁（前端、中端和尾部）的 3 个位置的垂直轮接口与轨道梁边缘之间的间隙，如图 53.4 所示。每组轮盘的垂直轮缘与轨道梁边缘之间的间隙之和应为 $1/8''\sim1/2''$。如果发现间隙超出了指定的公差，则应在横梁端添加垫片，如图 53.5 所示，以使间隙符合适当的规格。

图 53.3　典型的 L 轨道

2）吊车不能在拆除罩壳顶时使用，因为缺少罩壳顶板可能会降低罩壳和吊车的稳定性。

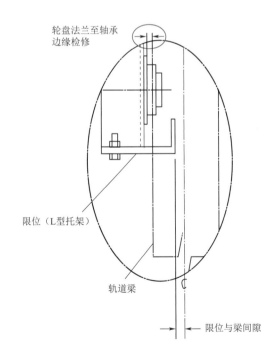

图 53.4　末端间隙图

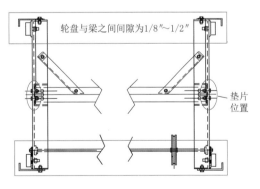

图 53.5　垫片位置

案例 54
压气机防喘阀故障

适用范围

所有 7FA＋、7FA＋e、9FA＋和 9FA＋e 燃机。

案例背景

一些电厂因为防喘阀故障引起机组跳闸。造成防喘阀故障的主要原因包括以下几个方面：

(1) 气源中断，阀门开启。

(2) 阀门位置开关故障。

(3) 启动阶段阀门卡涩。

建议及措施

1. 逻辑改进和降低跳闸次数

(1) 自动降负荷程序改进：如果任何一个防喘阀在运行期间完全打开，此新控制功能将发出警报，并自动降负荷至断路器打开，以使现场进行故障排除。

(2) 跳闸减少软件修改：如果在有火停机时发电机断路器打开后，排气阀未打开，则此新控制功能将机组的响应从"跳闸"更改为 FSNL 并延时 2min。然后，运行可以选择"开始"中止停机，并允许现场根据需要进行故障排除。如果 2min 后没有采取任何操作，则任何排气阀未完全打开，机组将恢复停机和跳闸。

2. 仪表空气和启动前检查改进

(1) 防喘阀仪表空气改进：驱动气源可由压气机排放变为仪表空气。该方案也可防止仪表空气管路和 20CB 电磁阀结冰和堵塞。

(2) 仪表空气预启动检查控制逻辑改进：对于具有仪表空气驱动的装置，将在汽轮机启动前检查防喘阀。如果阀门无法正常工作，则启动命令中止，并发出报警，说明压气机放气阀有问题。

3. 防喘阀关闭限位开关和逻辑改进

(1) 附加限位开关：压气机防喘阀增加"关闭"限位开关以及"开启"限位开关，以便于控制系统监控阀门的位置。

(2) 闭限位开关逻辑改进：如果在运行中检测到防喘阀"关闭"行程开关状态变化，则会发出警报，机组将自动降负荷，直到发电机断路器打开。如果"开启"与"关闭"限位开关都显示阀门开启且机组处于高负载状态，则机组断开断路器至旋转备用。

案例 55——
燃气模块接头漏油

适用范围

所有重型燃机的润滑、液压和跳闸油系统，重点是燃气模块。

案例背景

部分电厂发生油浸透保温层引起火灾。这种情况的具体结果取决于浸在保温层中的油量：少量的油可产生烟雾和保温层阴燃，大量漏油可在燃料模块内发生火灾。

泄漏源可能来自任何含有油的回路，包括但不限于：

（1）液压管路中需要拧紧的接头。

（2）燃料阀上的液压过滤器。

（3）燃料控制阀跳闸继电器内的密封件。

（4）润滑油管和相关部件。

建议及措施

（1）建议定期检查所有油回路，重点是燃料模块，以了解油管路接头是否漏油。

（2）发现油漏到保温层上，则需更换所有受油污染的保温层。

（3）如果发现泄漏的压缩接头，则需进行必要的调整。间隙量具用于检测不合格的接头，如图 55.1 所示。如果量规可以在螺母和接头之间滑动，表明接头松动，需要调整，如图 55.2 所示。

图 55.1　间隙量具

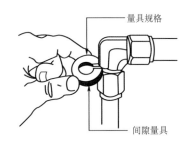

图 55.2　测量方法

（4）如果燃料阀上的滤清器发现漏油，则可采取以下步骤：

1）检查滤清器附件的密封性。

2）拆下滤清器，检查密封面是否有损坏、划痕等，更换 O 形密封圈。

（5）连接件的检查应是常规日常维护的一部分。应每月检查连接件，每次拆卸和更换零件应按正确的步骤进行。

案例56
天然气系统泄漏爆炸

适用范围

所有 GE 燃机。

案例背景

透平间与燃气小间（及氢冷发电机滑环小间）因可能存在挥发性气体而被定为危险区域，在这些地方均安装有危险气体探头（图 56.1），用于检测危险气体含量，并用低位爆炸极限的百分比（％LEL）来表示。探头的作用是当相关设备间内存在可燃气体混合物时发出警报，从而采取安全措施，防止出现危险情况。通常的做法包括对设备间内的高压气体管道进行隔离（防止危险气体和空气混合），并保持通风将其排掉。

一些早期的燃气机组只配备了一套检测/监测系统，且没有冗余配置，只能发出报警，没有设计成可使机组自动跳闸的系统，需要要靠运行的干预才能采取必要措施。例如，在一次事故中，收到高高报警（High - High LEL）的现场没有进行停机排查故障，当试图将机组切换到备用燃料时发生了爆炸。此事故对透平间及周围的系统硬件造成了严重的物理损坏。

图 56.1 危险气体探头（催化式）

建议及措施

（1）危险气体检测与保护系统设计目的是在正常通风条件下检测气体泄漏。随意改造通风系统会影响并干扰危险气体探头在设备间内检测局部危险气体浓度的能力，因此不得改造通风系统。违规更改通风系统的例子包括但不限于：

1）燃机运行期间打开设备间房门。

2）燃机运行中同时运行两台通风风扇。

3）修改、拆除或增加设备间内的气流隔板。

4）更改通风进气口或排风管道。

（2）建议在进入设备间及排查漏气时采取下列预防措施：

1）确认报警探头的位置和测量值。

2）不要靠近设备间，除非机组已经冷却，设备间通风良好，并且所有气体检测报警均已解除。须严格遵守现场设备间安全进入程序（如进出许可程序，佩戴便携式气体探测仪）。任何人员不得进入 LEL 高于 10% 的密闭空间。

3）只有当机组及燃气系统停运后才可以开始泄漏源查找工作。

（3）针对安装危险气体探头的机组，建议将报警设定值为：

1）高报警：LEL 为 10%。

2）高高报警：LEL 为 25%。

（4）如果危险气体探头配备了非冗余传感器，需对危险气体 LEL 报警设定采取下列措施：

1）有故障。在无法检测到危险气体的浓度时，不建议继续运行机组。尽早停止机组运行，并进行故障排查，机组重新启动之前应确保探头已标定并正确运行。

2）高报警。提前警告潜在的危险状况，不建议继续运行机组，须停止机组运行并排查漏气原因。

3）高高报警。立即让机组跳闸。

（5）对于配置危险气体保护系统的机组，危险气体探头的报警值和安装位置要根据设备间内气流与管道布置的计算流体动力学（CFD）的计算结果设定。危险气体保护系统的探头为冗余布置，通常安装在通风抽气管道内。出现高报警或高高报警时，危险气体保护系统将做出自动控制动作。

1）当局部危险气体的浓度超出 CFD 计算确定的（报警）浓度极限时，危险气体探头可较早发出高报警。

2）当局部危险气体的浓度超出 CFD 计算中确定的跳闸极限浓度之前，在高高报警后机组会自动跳闸。

（6）对于早期不具有危险气体保护系统的机组，需危险气体探头升级到危险气体保护系统，从而启用对高高报警的自动控制响应。同时提高危险气体探头的冗余度和可靠性，减少误报警，降低要求的停机次数和可能的跳闸次数。

案例 57
离线水洗时潜在的燃气泄漏

适用范围

配备离线水洗系统的所有燃机。

案例背景

在离线水洗的甩干过程中需高盘燃机转子，强制空气通过管道和燃机，以排出残留的水。大多数情况的标准做法还包括：在甩干过程中打开燃气母管的低点排放口（图57.1），排掉积聚的水分，提高机组重启的可靠性。如不能排尽各处的积水，会在随后的机组重启时发生一个或多个燃烧室熄火。

拆除燃料系统盲板（盲板法兰）会打开可能存有残留燃气的系统（可导致危险气体排

图 57.1　燃气母管低点排
放口管道法兰

出），因此，标准的安全做法要求是：对燃气供应系统使用双重隔离（关断）并放掉燃机供气管道中的燃气，然后再拆除疏水管盲板。DLN 燃气系统中燃气环管的典型布置如图 57.2 所示。

在机组甩干之前，当燃气环管打开时可能有少量的常温、常压残留气体。当启动高盘后，这些残留的气体会被排放到透平间内。因此在高盘甩干过程中，所有人员均不得进入透平间。

目前的控制逻辑通常会在高盘吹扫结束时、检测到火焰后，或当透平间内检测到一定浓度的危险气体时启动透平间的风机，该风机会把进入透平间的燃气排放掉。

某电厂在一次例行水洗甩干中，在启动过程中进行"严密性检查"时，未隔离燃料系统，又存在 GCV 泄漏，造成高盘甩干过程中有燃气排放到透平间。

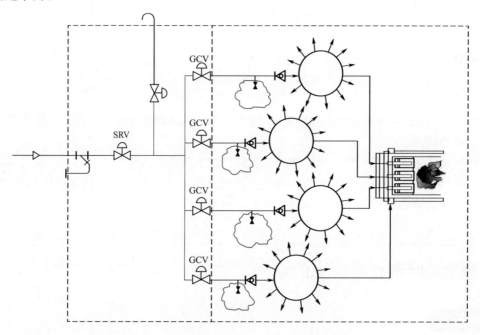

图 57.2　DLN 燃气系统中燃气环管的典型布置

同时具有启动阶段严密性检查功能的机组上，如果隔离燃气系统，会导致"严密性检查"失败并无法（在水洗后）完成甩干。

建议及措施

以下建议提供一种可以减少燃气泄漏的可能性，并降低潜在安全风险的方法。

（1）关断燃气：在所有离线水洗期间，燃气系统必须正确关断并保持通风。为达到要求的隔离性能，不同现场的具体方法会有所不同。其最低要求是使用两个串联的 6 级关断阀，并在两个阀门之间安装排空管路。使用燃气供气手动隔离阀，并关闭 SRV 或燃机气动截止阀（如果有），应可满足要求的隔离性能。对于此两个阀门间的排空功能，可使用燃料系统滤网的排空管路来实现。

（2）透平间内人员活动：由于透平间可能存在天然气，一旦甩干过程启动，现场所有人员均不得进入或停留在透平间内。

（3）程序更改：对于配备燃气阀门泄漏试验或严密性检查软件的机组，可通过选择水洗并禁用水洗泵来隔离燃料（供应），同时启动高盘甩干过程。采用这一方式启动的高盘不会激活严密性检查程序。但采用这一方式进行高盘时速度较低，会增加机组甩干时间。

（4）修改透平间风机的控制程序：修改透平间风机的控制程序，当燃机速度超过1.5%时需运行风机。

（5）修改软件在甩干过程中禁用严密性检查：此项修改可在高盘甩干期间禁止严密性检查程序，使燃机转子以正常吹扫速度转动。

水洗甩干时需拆除燃气母管低点排放口管道盲板（盲板法兰）的所有燃机，执行建议（1）和建议（2）。

具有严密性检查功能的机组，执行建议（1）、建议（2）和建议（3）。

建议（4）和建议（5）为可选的软件修改，可用于上述机组提高离线水洗系统的可操作性。

案例 58
进气室滤芯损坏

适用范围

装有自清洁进气滤芯的机组。

案例背景

自清洁进气系统（图 58.1）通常包括圆锥和圆柱形的高精度滤芯以及反吹压缩空气。机组的正常运行中，当滤芯前后压降增加时，将会触发并启动反吹压缩空气清洁滤芯。自清洁进气系统可以在避免机组停机更换滤芯的情况下，提供长时间的高精度进气过滤。配套的控制系统可以在较少的人工操作下自动完成进气系统的清洁。

一些电厂在进气过滤系统的检查中发现一些用于连接压缩空气吹扫管子和控制阀门排气端管子的柔性软管脱落，泄漏的高压空气直接吹到滤芯的表面，造成滤芯的损坏（图 58.2）。泄压口的排出气流同样会损坏滤芯（图 58.3）。

一些自清洁滤芯的隔膜阀会有泄压口，通常情况下泄压口装有滤网，用于防止异物进入。在一些案例中发现泄压口的滤网丢失，泄压时，在排出的高压气体作用下，这些丢失的滤网很可能直接造成进气系统滤芯的损坏，某种情况下甚至会造成滤芯破洞。滤芯的任何损坏或破洞都会造成空气未经过滤直接进入燃机，由此影响燃机的寿命。

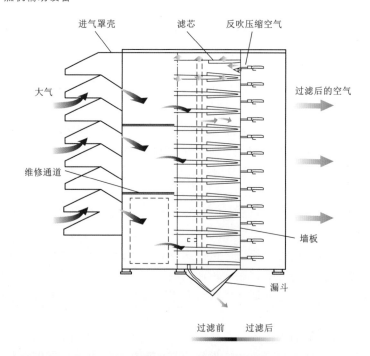

图 58.1 自清洁进气系统

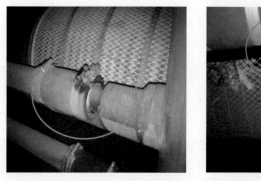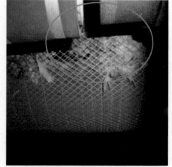

图 58.2 柔性软管脱开导致进气滤芯损坏

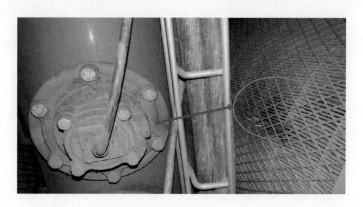

图 58.3 高压气体从隔膜阀泄压口泄排出造成进气滤芯损坏

建议及措施

对吹扫管路的柔性软管进行如下检查：

（1）软管在进气室滤芯房外面的情况下，应进行每年一次常规检查。如果软管在滤芯房里面，在接近一年的时候，可以在机组停机的情况下进行检查。

（2）检查软管是否存在裂纹、破洞或者材料缺失，有任何缺陷均需要更换。

（3）检查软管是否与压缩空气吹扫管子和控制阀门排气端管子脱开。

（4）检查固定软管的卡子是否安装合适并锁紧，每一端应有两个卡子固定。

（5）确保软管要套过管子 $3''\sim4''$（75～100mm），如果软管过短，则需要更换。

1. 柔性软管的标准

（1）压缩空气吹扫管子和控制阀门排气端管子的公称直径通常是 $1.5''$。柔性软管的直径应略小于管路的直径，这样可以保证软管与管路的紧配合。

（2）柔性软管的长度应保证套过管路两端 $3''\sim4''$（75～100mm）。

（3）柔性软管应为增强软管，其爆破压力至少为 150psi［1000kPa］。

（4）柔性软管应该是耐油、耐水和耐盐的材料。

2. 推荐更换柔性软管的步骤

（1）将柔性软管安装到压缩空气吹扫管路和控制阀门排气端管路，并保证套过管路 $3''\sim4''$（75～100mm），如图 58.4 所示。

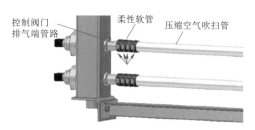

图 58.4　柔性软管、压缩空气吹扫管、控制阀门排气端管路的装配图

（2）柔性软管每端使用两个卡子将其固定到管子上。磅紧每个卡子，保证软管无法移动。不用过磅，这样会造成卡子切入软管内。

检查自清洁阀门上是否有泄压口。如果阀门在进气室滤芯房的外面，可以在燃机运行的情况下，检查阀门的泄压口是否装有消音塞（图 58.5）；如果滤网丢失，需要安装新的滤网，并检查阀门附近的滤芯是否损坏，任何损坏都需要更换。

图 58.5　隔膜阀加装消音塞

案例 59
天然气系统辅助截止阀/关断阀卡涩和泄漏

适用范围

天然气系统辅助截止阀（ASV)/关断阀（SSOV）采用三偏心蝶阀的 7F、9F 和 7E 机组。

案例背景

ASV 位于燃气模块内，SSOV 安装在燃气管道中（图 59.1 和图 59.2）。两个阀门都是气动驱动的，带有可视和限位开关位置指示。其目的是隔离燃机气体燃料供应，并降低模块上游气体燃料管线的压力。

图 59.1 Aux SSOV

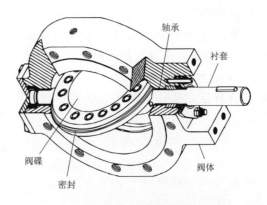

图 59.2 阀体剖面图

某电厂发生 ASV 位置故障报警，并禁止燃机启动。故障原因是阀杆（图 59.3）及其轴承（图 59.4）之间的磨损引起卡涩。这些故障通常发生在阀门使用寿命的早期，在 50 次点火启动之前。引起磨损的主要原因是上下轴孔错位，导致接触载荷不均匀。

图 59.3 损坏的阀杆

图 59.4 损坏的阀门轴承

阀门石墨缠绕垫圈位于密封叠层和阀盘之间。检查发现石墨缠绕垫圈分层（图 59.5），导致阀门泄漏。这种泄漏不会触发报警，但在天然气泄漏检测试验时，由于最终压力无法低于 5psig，从而导致启动失败。

图 59.5　损坏的密封垫

建议及措施

（1）改进轴承与轴之间的间隙。

（2）提高同心度。

（3）引入石墨轴承润滑剂。

案例 60——
编织内衬金属软管故障

适用范围

6B、7F.03、7F.04、7F.05、9E、9F.03 和 9FB 燃机（表 60.1），带内衬的编织金属软管。

表 60.1　　　　　　　　　　　受影响的机型及系统

机　　型	ABI 编织内衬柔性软管
7F.03	冷却和密封空气，IBH 抽气系统，气体燃料系统
7F.04	冷却和密封空气，IBH 抽气系统，气体燃料系统
7F.05	冷却和密封空气，IBH 抽气系统，排气框架冷却空气系统
9F.03	冷却和密封空气
全部机型	检查更换的软管和备件

案例背景

柔性金属软管用于输送流体，在燃机系统广泛应用例如 IBH、冷却空气、净化空气、燃气等。它们被用来代替刚性管道，因为其允许热膨胀和微小的错位。图 63.1 为几种不同类型的金属软管。

（a）无内衬软管　　　　（b）内部固定带内衬软管　　　　（c）带内衬编织金属软管

图 60.1　不同类型的柔性金属软管

　　某些电厂在压气机检查期间，在喇叭口附近的进气增压室附近发现了异物。经进一步检查，来源被确定为图 60.2 和图 60.3 所示的抽气系统的 ABI 柔性金属软管编织内衬的内部故障。在冷却和密封空气、IBH 抽气系统、气体燃料吹扫系统、气体燃料输送系统和/或排气框架冷却空气系统中均采用了带有 ABI 标记的金属软管。

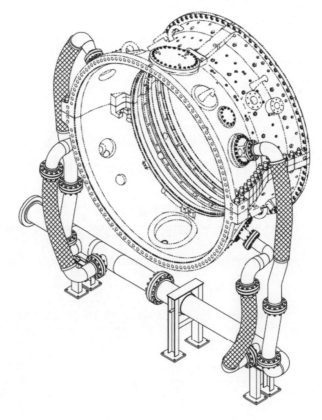

图 60.2　IBH 抽气系统柔性金属软管

　　虽然没有相关的机器或人员受伤报告，但这是一个潜在的安全问题。金属软管破损可能会失效，导致燃机超压、温度上升。

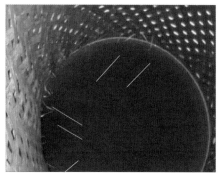

图 60.3　金属软管编织内衬破损

建议及措施

继续使用编织内衬的金属软管可能会导致人员受伤和/或异物损坏，因此，应采取下列措施：

(1) 更换带有 ABI 标记的编织内衬金属软管。

(2) 如果没有可更换的软管，则：

1) 如果柔性金属软管编织内衬破损，应及时更换。

2) 如果柔性金属软管编织内衬出现金属丝松散、变形（图 60.4），应及时更换。

3) 如果柔性金属软管编织内衬没有损坏，建议检修期间更换。

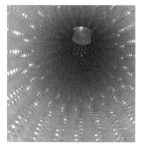

（a）松散　　　　　　　　　　（b）变形　　　　　　　　　（c）新编织内衬

图 60.4　松散、变形的金属软管编织内衬和新编织内衬

案例 61
管道法兰泄漏

适用范围

所有燃机。

案例背景

金属缠绕垫用于许多燃机管道系统上的凸起和平面法兰，法兰螺栓均匀拧紧、压缩可

确保法兰的密封。然而，在某些情况下，在安装和维护过程中，保证金属缠绕垫同步并均匀压缩比较困难。尤其是无内圈、仅有外护环的缠绕垫更容易发生泄漏（图 61.1）。

泄漏可能由下列原因造成：

（1）法兰螺栓安装和拧紧程序不正确。

（2）在对特定系统进行定期维护后，整个管道系统缺乏压力/泄漏测试。

（3）使用不合格的金属缠绕垫。

（4）管道焊接或运输条件引起管道变形。

（5）因地基设置不当而造成变形。

（6）由于弹簧吊架定位不正确，法兰装载不当。

（7）安装前垫圈损坏。

不正确的安装和紧固程序将导致：法兰泄漏，缠绕垫不均匀压缩导致垫圈突出到管道内，缠绕垫变形或解体。

图 61.1　三种不同形式的缠绕垫（左：普通缠绕垫；中：仅有外护环缠绕垫；右：内外均有护环的缠绕垫）

建议及措施

建议使用有内圈的缠绕垫，并按以下紧固程序正确安装金属缠绕垫和法兰：

（1）如果需要锤子、撬棍拆卸或安装带有法兰的螺栓与垫圈，则法兰可能超出对齐公差。检查法兰面的角度，总间隙不超过 1/8″。

（2）确保缠绕垫正确放置在法兰内。

（3）在螺纹和阀座表面安装带有防咬合剂的螺栓，直到阀座表面轻接触（紧固）。

（4）使用适当的拧紧顺序将螺栓拧紧到最终扭矩值的 30％ 以下。如果最初施加超过最终扭矩值 30％ 的力，螺旋可能会经历严重的损坏，无法通过随后的紧固消除法兰面张口。

（5）使用对角交替的方法逐个紧固螺栓，最后再按顺时针方向进行最后的拧紧。

（6）管道系统的压力/泄漏测试。

1）法兰连接可能随着时间、温度和振动而松动，建议更换缠绕垫后对整个管道系统进行压力/泄漏测试。泄漏测试可以使用空气或 N_2（或其他惰性气体）。

2）泄漏检查应特别关注天然气管道法兰。应在法兰周围缠上胶带，并在胶带上戳一个小孔，使用肥皂泡溶液或其他方法检查是否有泄漏。

案例 62
进气滤房火灾

适用范围

所有燃机。

进气过滤元件材质为可燃材料，这些元件在动火作业（焊接、火焰切割、研磨）和接近其他点火源（如临时照明）时容易着火。一旦点燃会迅速燃烧，持续的火灾可能蔓延到整个进气滤房。已经发生多起应进气滤房内工作防火措施不到位而引发的火灾事故。

建议及措施

禁止在进气滤房内部和附近吸烟、焊接、切割、研磨、乙炔火炬使用等。在需要动火作业的情况下，必须拆除可燃材料，并严格遵守动火作业工作程序。

在使用临时照明、电动工具和电气连接时，必须极度小心。这些潜在的火源和可燃材料之间必须保持足够的间隙。应使用表面温度较低的临时照明（例如 LED 照明），禁止使用高表面温度照明（例如卤素灯等）。

案例 63
进气滤房腐蚀

适用范围

所有燃机。

案例背景

进气滤房和进气系统的设计是为了最大限度地减少空气污染物对燃机部件的侵蚀和腐蚀。影响过滤系统效率的因素很多，主要包括使用的过滤介质以及维护和安装过程。进气系统的安装和/或维护不当可能导致过滤介质旁路，使下游部件受到污染。因此，应正确安装和维护进气系统，防止泄漏或旁路污染洁净空气。进气系统和燃机的污染来源分为外部污染与内部污染。

1. 外部污染

（1）沿海地点：NaCl 和 KCl 浓度较高。

（2）干涸的湖床：含盐量高。

（3）环境空气中的腐蚀性元素，如氯化物、硫酸盐、硝酸盐等。

（4）设备布置、主导风向、冷却塔的水汽。

（5）从周边设备排出的蒸汽、油气、废气。

（6）周边环境：

1）农业活动，如喷灌漂流、空运肥料携带、杀虫剂使用等。

2）石油工业，附近空气可能含硫，是酸性腐蚀的潜在因素。

3）化学加工厂。

4）废品回收中心。

5）采矿及采石作业。

6）钢铁厂。

7）爬墙植物。

8）建筑物的建造、重建及拆除。

9）在寒冷的气候下，从附近公路上运来的盐。

10）其他可能增加排放源的本地活动，例如天然气除硫处理。

2. 内部污染

（1）打开仓门。

（2）漏检或安装不当的过滤器、垫圈和相关的嵌缝。

所有的燃机都要依靠大量的清洁空气才能正常运转。过滤室可过滤入口空气污染物，防止下游设备结垢、腐蚀和冷却通道堵塞。

进入过滤室的空气的腐蚀性一般很小，如果过滤器出现过度腐蚀（图 63.1），表明入口过滤器暴露在严重的环境空气污染物中。入口过滤器的筛网的变质情况也是环境腐蚀性的一个指标（图 63.2）。

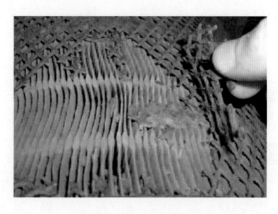

图 63.1 腐蚀的进气滤芯　　　　　　　图 63.2 过滤器筛网变质

根据目前的燃机行业标准，过滤器元件通常由镀锌碳钢制成。过滤器的平均使用寿命为 4000～5000h，视乎当地环境（粉尘、雨量、湿度等）及周围空气中是否存在某些碳氢化合物和其他污染元素而定。

入口管道系统和静压箱：在入口系统的设计中采用了模块化的概念，这种设计允许新旧设计之间的相似性和互换性。整个进气系统都配置了螺栓密封接头，以防止污染空气旁路。模块与模块之间连接处采用橡胶垫圈密封。

建议及措施

为了减少污染空气和/或水污染燃机净气区的风险，正确安装所有垫圈和螺栓连接对进气系统的完整性至关重要。

应定期检查进气系统（至少一年一次），检查膨胀接头和法兰是否有生锈或螺栓松动的迹象。进气系统的内部检查须包括检查垃圾筛是否有碎片，以及管道内衬是否有生锈和松动的焊缝。须检查垫圈连接是否有光线、水和碎片进入。检查结束后，进气管道必须 100% 清洁，无杂物。

案例 64——
控制油油质差引起阀门卡涩

适用范围

所有燃机。

案例背景

润滑油和液压油的油泥（图 64.1 和图 64.2）一直是控制油系统中的顽症。油泥的产生通常是一系列复杂反应的结果，主要原因是油分子链断裂。造成油分子链断裂的原因包括化学、机械和高温。

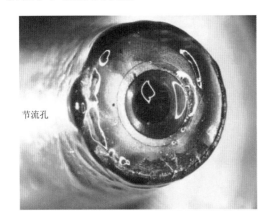

节流孔

图 64.1   伺服孔上的油泥

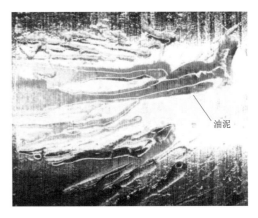

油泥

图 64.2   伺服阀过滤器上的油泥

（1）化学反应：化学反应易发生在使用年限较长的油品中。油的氧化导致产生大量分解产物，包括酸和不溶物微粒。高温和金属颗粒的存在（如铁或铜）等会加速油泥的形成。

（2）机械作用："剪切"发生时，油分子在机械力的作用下断裂。

（3）高温：当气泡进入油中，在一定的条件下，可由压力引发自燃（PID）或由压力引发热降解（PTG）。气泡在高压下会破裂，产生超过 1000℉ 的局部温度（538℃），从而导致热降解和氧化。静电电荷也可能引起局部热氧化油降解，其产生是由于分子内部摩擦以及流体在流动过程中与金属表面的摩擦。静电电荷的产生与油的品质有关，运行中应保证油质指标，如黏度、导电率、水分、夹带空气量在合格范围内。

油泥的问题通常不会导致额外的机组停机，但机组的可用性和可靠性会受到很大的影响。油泥在流量低的情况下容易发生积累，对于液压系统内的伺服阀等与液压运行相关的组件，一旦发生油泥聚集，伺服阀门会变得迟钝或不能工作，导致机组跳闸。机组在尖峰或调峰模式下更容易受到油泥的影响，这是由于油热循环和系统长时间处于相对冷/低流量状态造成的。对于尖峰或调峰模式下机组，最可能首先受到影响的部件是 IGV 伺服；连续运行机组产生油泥时间较长，最先受油泥影响通常是 GCV。

建议及措施

加强润滑油及控制油的油质监督可采用静电过滤或平衡电荷凝聚（图 64.3）方式过滤油中的油泥。与传统的机械过滤器不同，这些技术通过凝聚/过滤或简单地通过静电沉淀到收集设备上，在悬浮颗粒（氧化物、碳粉等）上诱导电荷，从而促进油泥从油中转移出来。

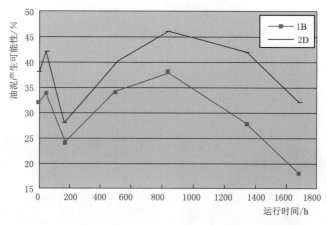

图 64.3　平衡电荷凝聚验证测试

案例 65
进气室除水效果差

适用范围

所有南方湿度大及邻近海边的燃机。

案例背景

压气机叶片的腐蚀对压气机性能不利并危及叶片寿命。为减少重型燃机的腐蚀，必须把进入燃机的水分降到最低限度，如果条件具备，应防止水分进入进气系统。凝聚式除湿板对协助清除空气中悬浮的小水滴非常有用。而在未形成小水滴的高湿空气中也同样存在着腐蚀性介质。在空气湿度大的季节，空气中的水汽容易造成压气机进气滤芯压差变大，机组出力下降，严重时可引进机组跳闸。

同时，海边空气中盐、酸及其他腐蚀性介质的湿态积淀物可导致压气机部件的腐蚀（图 65.1）。清除掉进气气流中可能含有溶解

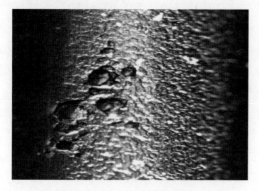

图 65.1　静叶上的腐蚀斑/坑

盐及腐蚀性介质的小水滴、水雾或其他浮质（如气溶胶等），对于压气机的健康至关重要。进气过滤系统内的终滤，其作用是滤掉干态颗粒状的腐蚀性元素，因此要把可接触到终滤的水分降至最低限度，防止腐蚀性元素渗透到过滤室净气区。

建议及措施

　　对于接近大型咸水水域以及位于南方的机组，建议在进气系统中添加凝聚式过滤器和除湿器。凝聚式过滤器和除湿器的作用是把到达终滤的水量降到最低限度。除湿器可通过惯性实现除水功能。除湿器会改变内部气流方向，这样大水滴因为自身的动量较大而无法完成方向的改变。当大水滴接触到除湿器流道壁板时，会因重力作用被排出到底部。凝聚式过滤器由纤维垫构成，可使小水滴凝聚成为大水滴，并最终排出。凝聚式过滤器设备的具体应用对于特定机组有所不同，可位于雨搭中或垂直安装于独立框架内（图 65.2～图 65.4），以减少到达燃机进气口的水分。

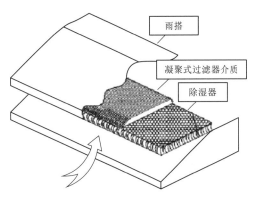

图 65.2　安装在雨搭中的凝聚式过滤器和除湿器

图 65.3　立式凝聚式过滤器栅栏板

图 65.4　雨搭中的除湿器

　　凝聚式过滤器可为卧式或立式，取决于进气过滤系统的具体配置。图 65.3 所示为静态过滤配置中的立式凝聚式过滤器。

　　安装这些过滤器会增加进气的压降。增加的压降约为 0.5″水柱（其具体大小取决于进气过滤室的速率和除湿器及凝聚式过滤器的制造情况）。

　　凝聚式过滤器在高粉尘/灰尘环境中可因为粉尘/灰尘量太大而堵塞，因此需要进行维护，使该过滤设备的压降符合要求。对于在雨搭内安装卧式凝聚式过滤器的现场，常会遇到季节性雾天和沙尘暴，建议只在雾季期间才安装凝聚式过滤器。当环境温度持续降至 4℃以下时，若仍把这些过滤设备保留在原位，将使过滤器严重结冰且导致压差迅速上升，造成燃机停机，因此须拆除凝聚式过滤器和除湿器。

　　不同现场的环境湿度会有所不同。所有现场必须注意观察其机组运行环境，并据此调整其相关的设备维护计划，以便保持进气过滤系统的完整性。在必须拆除凝聚式过滤器时，应将无过滤器的连续运行时间缩减到最短，以使过滤系统发挥其最高效率。

第3篇
汽轮机篇

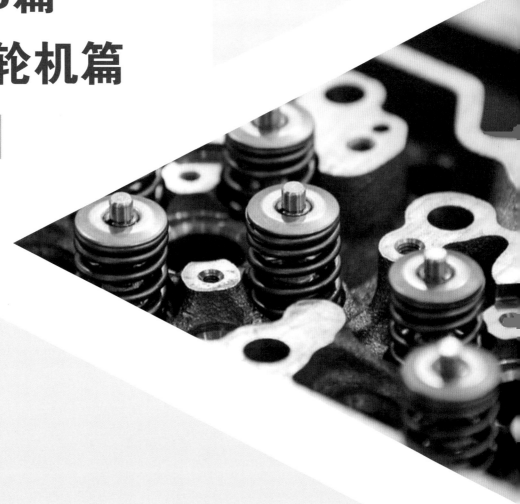

第 9 章　汽轮机本体

案例66

高压/再热隔板变形

适用范围

联合循环汽轮机。

案例背景

GE采用轮式和隔膜式配置汽轮机冲动级。在GE汽轮机配置中，动叶安装在转子的外围，喷嘴在隔板上支撑。汽轮机横截面如图66.1所示。

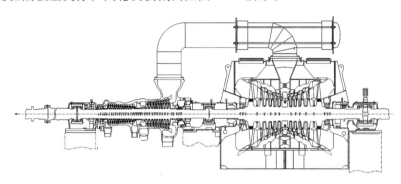

图66.1　汽轮机横截面

高压、高温的隔板通过单个部件焊接在一起来制造完整的隔板组件。喷嘴隔板（图66.2）是由一组固定喷嘴组成的环形部件，用于控制流速、压降和蒸汽流通过汽轮机的方向。隔板是高压结构部件，如果维护不当，可能会导致转子损坏。

检修时发现一些机组的叶轮到隔板的轴向间隙减少。在几个位置也发现轴向碰摩（图66.3）。执行隔板检查以确定隔板变形的程度，并制订对各种情况的修复方案。

所有高压、高温隔板最终都会在一定程度上发生隔板变形，因为高压、高温会引起材料蠕变。长期运行后，这种变形会继续发展，导致轴向间隙减少。

高压缸和中压缸部分中的前4个隔板最容易受到影响。根据以往的现场经验，在第一次检查（4~5年）时测量的隔板变形尺寸小于50mil，预计在使用寿命15~20年后，隔板的变形量会增加为2倍。此时应关注隔板与同级动叶之间的碰摩。

图 66.2　喷嘴隔板

图 66.3　隔板轴向碰摩

建议及措施

（1）汽轮机孔窥检查可以发现隔板变形。早期确定隔板是否变形将便于制订检修计划。如果确定已经变形，建议进行隔板变形量的检查，以便更直观地了解变形程度。

（2）变形评估基于动静间隙测量。根据变形量检查测量的结果，建议执行以下操作：

1）变形不足 1.5mm 的，无须修改即可使用。

2）变形 1.5～2.5mm 的，使用偏移环或在隔板蒸汽密封面中安装密封条以恢复轴向间隙。应注意：对于使用密封面插入校正的隔板，由于缸体变形，需要缸体密封面的平整度。在计划停机期间应考虑钻孔棒加工。

3）变形大于 2.5mm 的，需更换隔板。

（3）或者，GE 现在能够提供一套隔板修复方案，可恢复轴向间隙，并减少未来的潜在变形。这些产品包括结构增强的隔板，采用升级的更耐蠕变的材料进行制造，并结合了改进的焊接工艺。与原始隔板相比，增强隔板在第一年的隔板蠕变中性能增强高达 50％。新产品有以下选项：

1）选项 1，用更耐蠕变的材料替换现有材料。

2）选项 2，与选项 1 相同，但更换蒸汽通流部件。

案例 67
汽轮机超速和电动机方式运行

适用范围

联合循环汽轮机。

案例背景

1. 安全停机和超速预防

汽机停机或者跳机后机组转速上升，表明是由扰动引起的异常工作状态。在这种情况下，适当的操作对于防止重大损坏至关重要，而断开发电机断路器却不隔离蒸汽能量源可能会导致超速和设备损坏。

每次汽轮机跳机或停机都必须关闭蒸汽阀门，以阻止蒸汽流进入汽轮机。关闭的正确顺序是：

（1）通过蒸汽阀闭端限位开关或 LVDT 确保将所有能量隔离到汽轮机。

（2）在打开发电机断路器之前，确保逆功率保护动作。

在极少数情况下，在蒸汽系统中出现了多点故障，使得蒸汽在跳机或下达停机命令后，能够继续流经蒸汽轮机的一个或多个部分，此时，汽轮机将继续产生动力。因此，保持发电机断路器处于合闸状态至关重要，直到所有蒸汽源可以隔离或减压。在这些情况下，蒸汽的隔离必须基于电厂特定的蒸汽系统配置（在相关系统中关闭手动蒸汽隔离阀）。

在断开发电机断路器之前，未能确认与汽轮机的蒸汽隔离可能会导致蒸汽轮机发生破坏性超速。

2. 逆功率和高盘预防

在一次事件中，某电厂逆功率保护不能正常工作：停止蒸汽轮机进汽的情况下，继续保持发电机断路器处于合闸状态，导致蒸汽轮机中的鼓风过热。当甩负荷至逆功率时，此时发电机相当于电动机，以额定转速（电网频率）驱动蒸汽轮机。鼓风可让汽机内部温度在几分钟内升高。汽轮机内部部件过热可能导致叶片垫片位移、叶片熔化/变形、摩擦明显、转子弯曲、转子损坏，甚至整个蒸汽轮机发电机组破坏。

多年来，蒸汽轮机制造商开发逆功率保护概念，从各种角度考虑了安全性和可用性方面的不同要求，但受到设计时较小的逆功率测量能力的限制。使汽轮机保持额定速度的功率非常低，并且可能因真空或温度等影响因素而有显著变化，在某些情况下，可能会受到负荷晃动的影响。

建议定期对逆功率保护系统回路进行测试，确保电路正常工作。

建议及措施

1. 蒸汽隔离系统的维护和试验

根据蒸汽检测系统关键元件的检查和维护手册建议，验证测试和维护计划是否到位。

（1）主蒸汽切断和控制阀：行程测试、维修和翻新间隔。

（2）抽汽止回阀：冲程测试、维修和翻新间隔。

（3）三相电磁阀：检查、测试。

（4）电液控制系统油：采样/分析、检查含水量等。

（5）超速系统：机械、电气、行程测试等。

2. 顺序跳闸自动保护的维护和试验

（1）验证顺序跳闸回路是否存在且正常工作。

注：顺序跳闸回路无延迟关键保护，汽轮机控制装置在发现关键电气系统故障后立即执行打开断路器等操作。

（2）每年至少一次定期测试和维护逆功率继电器。

（3）逆功率继电器的大修作为 B 修、C 修检修计划的一部分，还应考虑将旧设备升级为最先进的继电器。

3. 人为因素——蒸汽隔离

实际现场事故表明，工作人员并不能总是对停机期间无法隔离蒸汽做出适当反应。建议在手动打开发电机断路器之前，警告人员确认与汽轮机的蒸汽隔离。

（1）建议在所有手动断开发电机断路器上实施适当的警告。

（2）在断路器外增加一个开关，使得拉开发电机断路器为两步操作。

（3）打开盖时激活警告频闪。

（4）在分布式控制系统（DCS）接口中实施警告和/或适当的确认，能够强制发电机断路器打开。

（5）根据现场特定条件进行适当的操作员培训。

（6）开发特定站点的检查表，在打开断路器之前识别和验证蒸汽源的隔离。

案例 68
A13、D10 和 D11 汽轮机 N2 汽封体缺陷

适用范围

A13（所有）、D10（特定）和 D11（大约在 2012 年之前生产）GE 汽轮机。

案例背景

N2 汽封（图 68.1）位于 A13、D10 和 D11 汽轮机的高、中压缸之间，其主要作为转子密封件使用，从而最大限度地减少从高压缸到中压缸部分的蒸汽泄漏。

在几个 D11 汽轮机的计划大修期间进行目视检查，在 N2 汽封体发现槽道裂缝，如图 68.2 所示。裂缝最初是在汽封体工作面的圆角倒角中产生，上半部分和下半部分均检测到裂缝，形成 360°裂缝。

图 68.1　N2 汽封体

图 68.2　N2 汽封体槽道裂纹位置

原因分析结果表明，裂缝产生的原因是材料性能低于预期，再加上长期处于最大温度、压力变化速率下，N2 汽封体开裂的风险较高。通过优化 N2 汽封体几何形状可以解决此问题，并可延长 N2 汽封体的使用寿命。

建议及措施

1. N2 汽封体

（1）将 N2 汽封体进行喷砂，去除氧化层，并进行 NDT，以确定是否有裂纹。

（2）无论之前检测到的裂缝是否处理，均应计划在未来重大检查时更换原始 N2 汽封体。更换时间的取决于几个因素，包括运行方式和设备。设计上的改进可减少 N2 汽封体运行应力，以降低重新出现裂缝的概率。

（3）受条件制约，采用回火方式修复的 N2 汽封体，在下次计划检修时需进行更换。这种方法只应视为临时维修，而不是长期永久维修。

（4）在运行期间，所有受影响的机组应不断检查历史记录。如果出现下述现象，表明 N2 汽封体可能已出现裂缝，应及早分析、检查，降低汽封体摩擦、机组跳机和汽封体故障的风险：

1）3 个月内，在类似运行条件下，高压缸效率降低或中压缸效率降低超过 3％。

2）高压缸主蒸汽进气压力下降。

注意：N2 汽封体产生高压主蒸汽，高压、中压效率大约 8％的变化有关。

2. 高压、中压外壳

（1）彻底清洁壳体内部表面，包括主蒸汽进气口和 N2 汽封体区域。

1）对上下缸的 N2 汽封体凸台部分进行渗透与磁粉检测（图 68.3），发现异常及时处理。

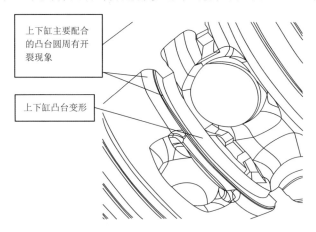

图 68.3　N2 汽封体检测区域

2）对 N2 汽封体主密封面间隙测量，以量化轴向变形。对于超过 $0.005''$的变形都应对密封面进行校正，以改善更换的 N2 汽封体到外壳装配。如果需要密封面加工，则通过壳体尺寸测量可能的壳体蠕变，以及开口间隙读数，以确定是否需要补偿（偏移）调整。可能需要使用更换的 N2 汽封体和转子进行"模拟"，以验证在最终装配之前是否需要进行间隙修正。可能还需要去除凸台变形的部分。

当原始 N2 汽封体更换为增强型 N2 汽封体时，建议在每次计划检修时检查壳体 N2

汽封体主体以及 N2 汽封体。

案例 69
无调节级汽轮机的径向入口叶片损坏

适用范围

无调节级汽轮机。

案例背景

无调节级的汽轮机在蒸汽通过第 1 个固定叶片后以径向方向流动，产生径向涡旋。部分电厂的汽轮机在高压缸和中压缸第 1 级径向固定式叶片发现了变形和裂纹。除了叶片翼型与叶冠或叶根之间的过渡区出现类似裂纹的痕迹外，还观察到叶片或叶冠的弯曲变形和叶片破裂（图 69.1）。

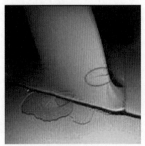 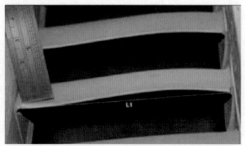 

（a）裂纹痕迹　　　　　　　　　（b）弯曲叶片　　　　　　　　　（c）护环弯曲

图 69.1　典型缺陷

上述缺陷和潜在裂纹最可能的产生原因是由于引入了过多的热机械载荷，导致低周疲劳（LCF）损伤。当护环和缸体之间的间隙由于结垢而减小，并且叶片、护环被牢固地夹紧在壳体中时，就可能发生这种现象。氧化物层的积累在很大程度上取决于其暴露在蒸汽中的时间以及水化学性质。

建议及措施

（1）按照标准检查建议和时间间隔，在下次预定的 B 级检修中对 RADAX 叶片进行 BI 检查。对于未配备单独内窥镜端口的汽轮机，必须拆卸蒸汽进气阀以进行 BI 检查。

（2）根据标准检查建议和时间间隔，在下一次主要 C 级检修期间进行 NDT。

案例 70
中压冷却蒸汽管腐蚀

适用范围

具有中压冷却系统的汽轮机。

案例背景

中压冷却系统将蒸汽从高压缸前几级通过外部管道引至 N2 汽封体，为中压第 1 级叶轮提供冷却蒸汽。负荷较低时需要进行转子冷却，在高负荷下，可以通过关闭中压冷却阀（RHCV）来减少冷却流量。此功能可提高汽轮机的输出和热速率。

早期中压冷却系统只有一路管道来限制流量。后来的系统引入了一个闸阀，以减少高负荷下的流动，闸阀后来被一个球阀所取代。当前系统包括带节流孔的一路管道和使用阀门的第二路管道。

在最近的一次汽轮机停运期间，一个 RHCV 被更换。在切断阀门后，发现阀座和阀门下游的管道发生了意外腐蚀。图 70.1 为阀座区域受到严重侵蚀的闸阀，图 70.2 为在闸阀下游发现的管壁侵蚀。

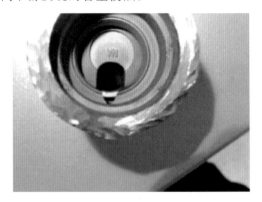

图 70.1　阀座区域受到严重侵蚀的闸阀

图 70.2　管壁侵蚀

建议及措施

（1）首先经过超声波或 BI 检查管壁厚度（在阀后中压侧），并检查底部的管壁侵蚀。

（2）重新热处理冷却管道应包含在例行定期检查内。

（3）电厂应考虑进行工程改造/升级，将闸阀阀替换为球阀或节流孔与阀门并联布置的形式，以减少侵蚀的机会。

案例 71——
D10 汽轮机汽缸螺栓断裂

适用范围

哈尔滨汽轮机厂有限公司生产的 D10 汽轮机。

案例背景

某电厂新投产 D10 汽轮机累积运行 1000h，累计启停 29 次，在运行中发现汽轮机高中压缸下部有漏汽。

机组停运后，拆除高中压缸下缸局部保温后发现：高中压缸中分面螺栓有 3 个螺栓加热孔存在漏汽痕迹，进一步检查发现漏汽为螺栓断裂所致（图 71.1 和图 71.2）。

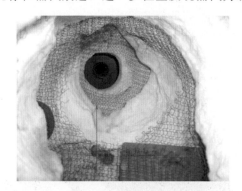 

图 71.1　保温吹损的情况　　　　　　　　　图 71.2　保温后露出的螺栓

对汽缸螺栓进行了全面检查及部分拆卸，并用内窥镜逐一检查螺栓中心孔，基本探明了螺栓断裂情况，断裂螺栓集中在高中压进汽部位，左侧（面向发电机）有 HJ23、HJ25、HJ31，右侧（面向发电机）有 HJ24、HJ26、HJ30、HJ32，共计 7 根，如图 71.3～图 71.5 所示。

图 71.3　断裂的螺栓

图 71.4　螺栓裂纹

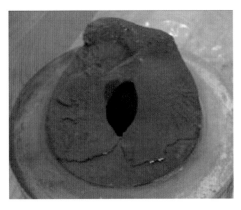

图 71.5 螺栓上部断口

HJ23~HJ32 号螺栓的材质为 B50A809C，其中 HJ25~HJ30 号螺栓的外直径为 6″，其余为 5.5″。位置号为 HJ23、HJ24、HJ25、HJ26、HJ30、HJ31、HJ32 的共 7 根螺栓相继断裂。除 HJ23 号螺栓断裂位置在螺栓的中间位置外，其他 6 根螺栓的断裂位置都在汽缸上部螺纹与螺帽的接合处。

1. 断口分析

（1）宏观断口分析。图 71.6 为 HJ23 号螺栓断面的宏观照片，断口形貌为典型的单源放射纹，裂纹萌生区在放射纹源头，靠近螺栓内孔表面，呈小扇形，较为平整。从裂纹源出发的放射条纹占断裂面积的绝大部分，仅在外侧的边缘观察到少量的剪切唇，表明螺栓裂纹扩展的过程很快。在放射状条纹间可以看到细晶状的反光面，断面较新鲜，大部分断面呈灰色，局部有褐色锈斑，断裂区呈浅灰色。裂纹源处的内孔表面有 1.5~2cm² 的粗糙不平区，局部呈灰色，可能是螺栓加热预紧时加热管爆裂，加热管内的绝缘材料石英砂附着在螺栓内孔表

图 71.6 HJ23 号螺栓断面的宏观照片

面，在粗糙不平处有表面裂纹。1 号机其他螺栓的断裂也都起源于内孔，在裂纹源相对应的内孔表面也都有粗糙不平区，也有表面裂纹。

（2）断口微观分析。用扫描电镜对 HJ23 号螺栓断面的裂纹源进行观察，裂纹源和裂纹扩展区的微观形貌如图 71.7 所示。裂纹源的断口为沿晶断裂，裂纹扩展区也是有二次裂纹的沿晶断裂，可见螺栓钢的脆性很大。HJ23 号螺栓断口的宏观、微观分析结果表明，HJ23 号螺栓的断裂属于高应力、大应变导致的 LCF 断裂。

2. 材质分析

（1）化学成分分析。HJ23 号螺栓的化学成分分析结果（表 71.1）完全符合 GE 公司 B50A809C 镍—铬高温合金型材和锻件技术条件的要求。

（2）力学性能。HJ23 号螺栓的常温力学性能试验结果见表 71.2，布氏硬度测试结果见表 71.3，高温持久性能试验结果见表 71.4。由表 71.2~表 71.4 中数据可见，HJ23 号

（a）裂纹源　　　　　　　　　　　　　　　　（b）裂纹扩展区

图 71.7　HJ23 号螺栓微观形貌照片

螺栓的拉伸性能、硬度和高温持久性能符合 GE 公司 B50A809C 镍—铬高温合金型材和锻件技术条件的要求。

表 71.1　　　　　　　　　　　　HJ23 号螺栓的化学成分分析　　　　　　　　　　　　%

项目	C	Si	Mn	P	S	Ni	Cr
测试值	0.033	<0.10	0.065	<0.010	<0.001	51.98	18.12
技术条件	0.01~0.05	≤0.20	≤0.35	≤0.015	≤0.002	50.00~55.00	17.00~21.00

项目	Mo	Ti	Cu	B	Al	Nb	
测试值	3.03	0.97	0.093	0.0038	0.47	5.08	
技术条件	2.80~3.30	0.75~1.15	≤0.30	≤0.006	0.30~0.70	5.00~5.50	

表 71.2　　　　　　　　　　　　HJ23 号螺栓的常温力学性能试验结果

项目	温度/℃	$R_{P0.2}$ /(N/mm²)	R_m /(N/mm²)	A/%	Z/%	冲击功/J	硬度/HB
11	室温	1221.2	1405.4	15.8	32.5	33（V）	395
12	室温	1248.4	1361.8	14.6	33.22	49（U）	401
标准值	室温	≥1034.2	≥1275.5	≥12	≥15	—	>346
11	540	1069.3	1171.6	15.26	42.07	—	—
12	540	1083.9	1172.4	13.37	38.33	—	—
11	650	983.2	1098.0	18.8	54.33		
标准值	650	865	1005	12	15		

表 71.3　　　　　　　　　　　HJ23 号螺栓的布氏硬度测试结果　　　　　　　　单位：HB

从内孔到外缘硬度值					
406	412	404	401	404	409
技术条件	>346				

表 71.4　　　　　　　　　　　HJ23 号螺栓的高温持久性能试验结果

试样形状	试验温度/℃	断裂时间/h	伸长率 δ_5/%
组合	650	>25	>4
技术条件	650	>25	>4

（3）金相分析。HJ23 号螺栓从内孔表面到外缘的金相组织如图 71.8 所示。图 71.8（a）是螺栓内孔区的低倍组织照片，在螺栓近内孔区，B 类夹杂物较密集，呈带状分布，虽符合 GE 公司技术条件的要求，但带状分布的 B 类夹杂物对 B50A809C 钢的塑韧性是不利的。图 71.8（b）是螺栓断面裂纹源处内孔表面的金相组织照片，可见，自螺栓内孔表面有裂纹萌生，裂纹沿晶界扩展。晶界上的析出物大都呈链状，势必增加螺栓钢的脆性。断口金相分析表明，内孔表面的破损非螺栓材料组织析出物所致，也非环境腐蚀所致。图 71.8（c）、（d）是螺栓横截面中部和外缘的金相组织。由图 71.8 可见，从螺栓内孔到外缘，晶粒内部析出物的形态、大小和数量差异较大。对螺栓从内孔到外缘的试样进行显微硬度测试分析的测试结果见表 71.5。由表 71.5 中的数据可见，螺栓材料的显微硬度是不均匀的。

（a）螺栓内孔区（×100）

（b）螺栓断面裂纹源处内孔表面（×500）

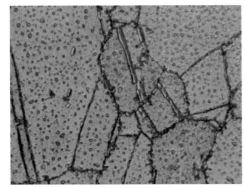
（c）螺栓横截面中部（×500）

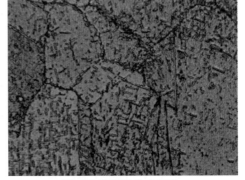
（d）螺栓横截面外缘（×500）

图 71.8　HJ23 号螺栓从内孔表面到外缘的金相组织

图 71.9 是螺栓从内孔表面到外缘金相组织的扫描电镜照片，用扫描电镜观察到的螺栓钢晶粒内部析出物的形态、大小和数量的变化与金相分析是一致的。

表 71.5 螺栓显微硬度测试结果 单位：HB

从内孔到外缘硬度值											
1 号	448	451	448	491	480	494	483	506	500	461	451	443
4 号	474	464	469	494	464	464	474					

（a）内孔

（b）近内孔区

（c）近外缘区

图 71.9 螺栓从内孔表面到外缘金相组织的扫描电镜照片

3. 螺栓的内孔表面粗糙度

检查这 6 根新螺栓的内孔表面粗糙度（图 71.10），结果都不合格。由表 71.6 中的数据可见，表面粗糙度对 B50A809C 螺栓钢的疲劳寿命影响很大，表明 B50A809C 钢的缺口敏感性是很强的。可见，螺栓内孔表面粗糙度不合格，会大大地降低螺栓的使用寿命。

4. 螺栓装配工艺分析

螺栓采用加热预紧方式安装。如果加热过程控制不当，可能会导致螺栓内孔表面被氧化。

5. 螺栓现场运行分析

从螺栓断裂的性质和断口的形貌来看，螺栓的断裂是大应力导致的 LCF 断裂。螺栓承受的应力有：螺栓安装时产生的紧力、螺栓在热紧时产生的残余应力、螺栓钢显微组织

表 71.6　　　　　　　　　　　　　HJ23 号螺栓低周疲劳试验结果

试样号	温度/℃	寿命/次	试样号	温度/℃	寿命/次
表面粗糙度 6.5			表面粗糙度 0.8		
1	540	2100	1	540	3630
2	540	1483	2	540	2317
1	650	1355	1	650	2287
2	650	421	2	650	1778

图 71.10　HJ23 号螺栓内孔表面照片

的不均匀性产生的组织应力、螺栓经受急冷急热产生的热应力。以上诸多因素都会使螺栓承受较高的工作负荷。螺栓在大工作负荷和缺口敏感性效应的共同作用下，会在内孔表面萌生裂纹，导致断裂。

造成汽轮机汽缸螺栓断裂的原因包括：

（1）高应力导致的 LCF 断裂。

（2）螺栓内孔表面粗糙度不合格。

（3）螺栓装配工艺控制不当，使螺栓内孔表面局部氧化，也是 HJ23 号螺栓断裂的原因。

（4）螺栓材料组织的不均匀性对螺栓的断裂也有影响。

建议及措施

（1）螺栓内孔表面精加工后应进行抛光，保证螺栓内孔表面粗糙度达到 0.8。

（2）建议螺栓在安装时快速加热，加热时间控制在 40~50min，保证螺栓加热时内孔表面不被破坏。

（3）B50A809C 钢是高强钢，缺口敏感性很强，内孔表面出现裂纹后，很难通过局部塑性变形使裂纹尖端屈服钝化，导致应力集中不断加剧。建议在螺栓选材上，兼顾螺栓材料的强度与塑韧性的配合。

（4）在保证螺栓安装紧固的前提下，适当减小螺栓的预紧力。

案例 72

轴封系统轴加风机叶轮故障

适用范围

部分 GE 蒸汽轮机轴封加热器（GSC）配备轴加风机。

案例背景

汽轮机需要轴封蒸汽，以便启动时可以建立真空。启动后，必须保持密封，使空气不会泄漏到汽缸里面，同时防止高压侧过量的蒸汽进入大气或进入轴振座污染润滑油。GSC是蒸汽轮机轴封系统的一部分，由风机和热交换器组成，从轴封通风管抽出的空气和蒸汽混合物中回收冷凝水，然后通过安装在热交换器顶部的风机将空气排放到大气中。风机排出 GSC 的空气，以及 GSC 中蒸汽的冷凝，在 GSC 中建立并保持真空。轴加风机、加热器及轴加风机如图 72.1 和图 72.2 所示。

图 72.1　轴加风机

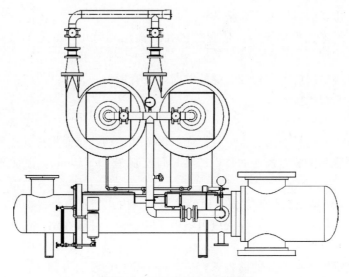

图 72.2　GSC 及轴加风机配置

某厂，一个轴加风机发生故障，导致叶轮部分解体并击穿风机外壳（图 72.3）。该厂汽轮机处于调试阶段，当发生故障时，GSC 部件的运行时间累计约 250h。

图 72.3　轴加风机叶轮和套管故障

建议及措施

为了降低前述风险，建议实施以下建议。

1. 安全禁区

对于当前运行中的场地，应建立安全禁区，禁区沿鼓风机的旋转平面延伸 15m，宽度为 1.2m（图 72.4）。

2. 套管密封环

在轴加外壳安装防护罩环（图 72.5）。

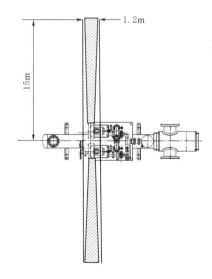

图 72.4　GSC 安全禁区　　　　图 72.5　汽封蒸汽排气扇套管密封环

3. GSC 运行参数监视及控制

（1）如果 GSC 排气温度（GE 控制系统中通常称为 TT_GSEXH）超过 180℉（82℃），

应停止轴加风机运行。

（2）确保轴加风机隔离阀处于完全打开位置，禁止用来调整 GSC 真空水平，否则鼓风机电机可能会过载或鼓风机总成过热。

（3）确保手动放气阀滤清器保持清洁，必要时更换。

（4）任何与 GSC 操作相关的参数警报（温度和水位）都应立即分析并排查原因。

第4篇
电气篇

第 11 章　电气设备

案例 73

发电机励磁系统堵头拆卸人身事故

适用范围

GE 氢冷却发电机。

案例背景

据两起报告显示，有检修人员在拆除氢冷发电机区域堵头时受伤，包括割伤和上半身的烧伤。受伤原因源于堵头里的氢气在堵头拆除过程中泄漏，从而与空气和热金属产生火花。因此，发电机的氢冷却和水冷装置中拆下转子堵头和径向端螺柱存在风险。受影响的装置通常是在径向终端螺柱和收集器端子螺柱上具有氢密封的装置。

建议及措施

（1）早期的发电机转子包含一个内部腔，在正常操作过程中，内腔可能会用氢气加压。在端子螺柱维护或转子堵头检查时，应保持通风良好，并使用特定工具缓慢而小心地测试泄漏和拆卸端口插头、堵头、堵板或端子螺柱。

（2）发电机检修时，对氢冷发电机转子孔的吹扫应严格执行 GE 维护手册 12173833 的规定。

（3）新的励磁系统设计没有堵头或 TE 密封孔。一些较新的设计还具有螺栓固定板（图 73.1）与集电端采用插入式堵头。

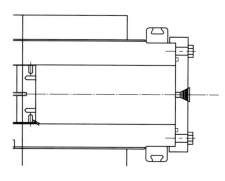

图 73.1　发电机转子励端孔板堵头（1/8″）

案例 74

静态启动器水冷母管泄漏

适用范围

新型静态启动装置（ISLCI）、LS2100 产品（8.5MVA 的 LS2100 除外）、不带不锈钢流量限制器的 LS2100e 产品（8.5MVA 和 11MVA 的 LS2100e 除外）。

案例背景

LCI 用于燃气轮机发电厂，通过调整其转速启动燃气轮机发电机组。通过将发电机作为同步电机运行，将燃机加速到特定速度，有助于启动燃气轮机。由可控硅整流器（SCR）和母线组成的 LCI 硬件桥是用水冷却的，具有冷却液回路。

由于铜管的侵蚀，一些 LCI 在使用 10 年或 10 年以上后出现冷却水母线泄漏。部分电厂靠近直角连接件铜的末端或弯头处发现泄漏（图 74.1～图 74.4）。LCI 电源侧和负载侧均由此母管提供冷却水，其中电源侧有 12 个水冷管，负载侧有 6 个水冷管。

图 74.1 安装可控硅整流器和电容的六相负载桥冷却水母管末端

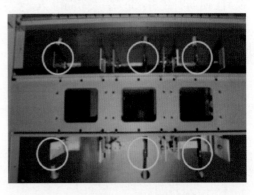

图 74.2 未安装可控硅整流器和电容的六相负载桥冷却水母管末端

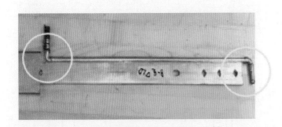

图 74.3 冷却水管

图 74.4 从水冷母线上拆除的腐蚀管道的横截面

电化学和机械侵蚀是这些故障的主要原因，由水冷母线中冷却液的高流速引起。使用除盐水而不是水—乙二醇混合物的机组似乎更容易受到这种影响。此外，在较重负载和较长时间下运行的装置会经历更多的侵蚀。

最近 LS2100e 在源和负载桥的冷却液回路中使用不锈钢流量限制器，这些流量限制器可减少水冷母线的内部侵蚀，并大幅延长其使用寿命。

水冷总线冷却液泄漏会导致短路和设备故障。

建议及措施

（1）下次计划检修时，在 LCI 上安装流量限制器。

1）在源桥中，使用包含不锈钢流量限制器的三通连接器。

2）在负载桥中添加六个不锈钢流量限制器。

（2）评估、监控和/或更换 LCI 母线。要对没有流量限制器的情况下运行的 LCI 年限进行评估。对于更换了母线的 LCI，其服务年数从新母线安装日期计算。

（3）对于没有流量限制器、运行不超过 8 年的，不需要更换母线。

（4）对于无流量限制器、运行超过 8 年的，需在母线弯头外侧/后侧执行 UT 测试。

（5）如果弯头金属厚度大于 0.017″，则母线可继续使用。

（6）LCI 上安装流量限制器后，应每 4～5 年对母线进行 UT 检查。如果弯头金属厚度出现减薄，则 UT 检查后应更换母线。

（7）如果弯头金属厚度小于 0.017″，则需要更换母线。

（8）注意：为了尽量减少未来的工作，如果有任何测量厚度小于 0.017″，应考虑更换电源侧与负载侧的所有冷却水管。如果更换了冷却水管，则在 LCI 恢复使用之前，根据安装和启动手册执行所有调试测试。

案例 75
EX2100 失磁跳闸与过压跳闸

适用范围

GE 机组 EX2100 静态励磁系统。

案例背景

EX2100 静态励磁机向发电机励磁系统提供所需的直流励磁电流。一些电厂中，EX2100 静态励磁系统在正常运行期间失磁（FLT100），造成机组跳闸。失磁的主要原因有：①可控硅或二极管短路；②温度元件故障；③EDEX 卡件故障；④41DC 辅助触点干扰；⑤EXHS 卡件故障；⑥EMIO 卡件故障。分析表明，这些事件大多是由 EDEX 板传感电路上的电磁干扰引起的。

对于目前正在运行的机组，对 EDEX 电路设计进行了修订，以消除这种对干扰的敏感性。

虽然到目前为止还没有任何单位报告在正常运行过程中发生了无法解释的过压跳闸（FLT210），但同样存在跳闸的可能性。执行以下建议，避免发生失磁和过压跳闸。

建议及措施

注：具有 EDEX 版本 BBA 或更高版本的单元不受此问题的影响，不需要执行以下建议。

（1）建议在下一次计划停机时对受影响的设备进行以下修改：

1）拆卸 EXHS 卡件上的接地螺丝，并清洗螺钉和螺孔。重新连接并拧紧接地螺丝。

2）如图 75.1 所示，电子回路插头应安装在 EDEX 板的 EPL1 插槽上。在主从失磁配置中，如果 EPL1 插槽连接到从 EDEX 板上，则插头应放在 EPL2 插槽中。

图 75.1　电路插头和 EDEX 板上的 EPL1 连接槽

图 75.2　连接在传感环下的缓冲线

3）用新的样式环（没有氧化镁涂层）替换温度元件环。

4）检查失磁/过压模块 SCR 可控硅缓冲器接线是否连接，能使缓冲电流通过温度传感器。如果发现布线连接在传导传感环下面，如图 75.2 所示，则重新布线，如图 75.3 所示。

（2）在机组启动之前，检查 EX2100 系统上的任何 FLT100 或 FLT210，或检查 EDEX 板上的红色 CSC1 和 CSC1LED 是否报警。如果是，则重新启动 EX2100 控件或将 EDEX 卡件电源插头拔出，以查看红色 LED 是否清除。

（3）采购图 75.1 所示的电子回路插头，必要时更换温度感应垫片。

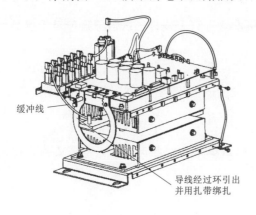

缓冲线

导线经过环引出并用扎带绑扎

图 75.3　正确的缓冲线布线

案例 76——
发电机励磁接线端头松动

适用范围

2011 年 11 月交付使用的所有 390H 和部分 450H 型号发电机。

案例背景

一些 390H 和 450H 型发电机发生励磁主端子连接松动，导致接触电阻增加，在某些情况下，导电螺钉和铜排之间失去导电性（图 76.1）。由于在低速旋转期间，铜排相对主接线端子运动，现场主接线端子和铜排之间接触可能会发生恶化。在某些情况下，主端子可能摩擦铜排的表面，产生小的铜颗粒，这些铜颗粒在发电机转子上可能形成一个导电路径。

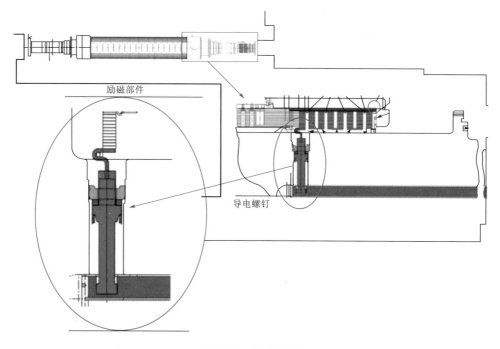

图 76.1　导电螺钉

建议及措施

（1）按照表 76.1 对 390H 发电机和表 76.2 对 450H 发电机的试验间隔，按照规定进行励磁铜排电阻和励磁绕组接地绝缘电阻测试。测试需要励磁在 8 个角位置并且集电极刷与电场隔离的情况下进行。提交数据时应包括所有需要的数据点，包括绕组电阻读数、绝缘电阻读数、现场温度测量值、运行小时数、盘车小时数和启动次数。

（2）除了 8 点测量检查外，应使用下列一种或两种方法检查接线是否松动：

1）慢慢旋转，观察主要的端子。母排可弯曲，但导电杆不能移动。

2）用手或用绝缘杆推/拉上面的接线端顶部。母排可弯曲，但不能观察到主终端的移动。

（3）如果观察到导电杆的移动，检查8点电阻检查的信息，以及导电杆移动量的测量或评估。

（4）采用新的配置，消除装配间隙。

（5）拧紧主接线柱以消除相对运动。

表 76.1   390H 发电机试验间隔

390H	$N_{ratio} \leqslant 10$	$10 < N_{ratio} \leqslant 25$	$25 < N_{ratio} \leqslant 50$	$50 < N_{ratio} \leqslant 100$	$100 < N_{ratio} \leqslant 150$	$150 < N_{ratio}$
首次测试	NA	NA	10000 运行小时 或 400 次启动	16000 运行小时 或 300 次启动	24000 运行小时 或 250 次启动	32000 运行小时 或 200 次启动
测试间隔	250 次启动，或 1500 运行小时，或 1500 盘车小时	150 次启动，或 2400 运行小时，或 2000 盘车小时	100 次启动，或 4000 运行小时，或 2000 盘车小时	80 次启动，或 6000 运行小时，或 2000 盘车小时	60 次启动，或 7000 运行小时，或 2500 盘车小时	50 次启动，或 8000 运行小时，或 2500 盘车小时

表 76.2   450H 发电机试验间隔

450H	$N_{ratio} \leqslant 10$	$10 < N_{ratio} \leqslant 25$	$25 < N_{ratio} \leqslant 50$	$50 < N_{ratio} \leqslant 100$	$100 < N_{ratio} \leqslant 150$	$150 < N_{ratio}$
首次测试				8000 运行小时 或 150 次启动	12000 运行小时 或 120 次启动	15000 运行小时 或 100 次启动
测试间隔	75 次启动，或 600 运行小时，或 1000 盘车小时	60 次启动，或 1200 运行小时，或 1500 盘车小时	50 次启动，或 2000 运行小时，或 1500 盘车小时	40 次启动，或 3000 运行小时，或 1500 盘车小时	30 次启动，或 4000 运行小时，或 2000 盘车小时	20 次启动，或 5000 运行小时，或 2000 盘车小时

注 1. N_{ratio} 为燃机/发电机运行小时数除以燃机/发电机的启动次数。

     2. 测试间隔由任一个先到达决定：启动次数、运行小时数或盘车小时数。

     3. 首次检查间隔由计算的 N_{ratio} 决定，发电机运行的 N_{ratio} 可能随后续的运行方式变化而改变。在这种情况下，首次检查/试验间隔需要按最新的 N_{ratio} 查表 76.1 确定。

     4. 按照表 76.1 或表 76.2 进行转子电气试验，如果 3 次或其后更多次试验结果与出厂时电阻值相比较，其变化微小到可以忽略，在此情况下，以后的测试间隔可能放宽至 1 年的间隔期。

案例 77
390H 发电机定子铁芯检查

适用范围

2013 年前交付的使用所有 390H 型号的发电机。

案例背景

　　发电机的定子铁芯主要由一片片低损耗的薄绝缘冲压硅钢片钢叠片组成，它们由定向晶粒（GO）与非定向晶粒（NGO）的电工钢在冲床中冲压而成。这些钢片应尽可能薄，以减少电涡流损耗，为磁通量流动和容纳定子绕组提供了一个简单的路径。390H 铁芯是通过堆叠 150 多个钢片组件制成的，每端有 6 级铁组件。铁芯垂直堆叠；通常集电极端朝下；并且在堆叠过程中被周期性地压缩，随着两段法兰的最终压紧，拉杆螺母拧紧，锁片安装以防止松动。图 77.1 显示了发电机铁芯的典型结构和关键部件。图 77.2 显示了发电机已经过刀撬试验的铁芯现场图。

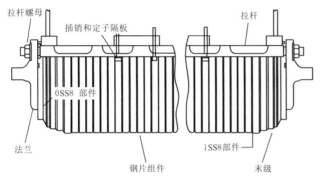

图 77.1　发电机铁芯的典型结构和关键组件

图 77.2　通过刀撬试验紧贴的铁芯

　　由于铁芯的制造过程的多变性，390H 发电机可能会产生铁芯松动。如果不加抑制，这种铁芯松动会随着时间的推移而蔓延，在运行过程中可能导致定子接地故障，并需要进行重大的铁芯修理。

　　在 2014 年 3 月，某台发电机大修期间，发现异物损坏整个定子和磁场。在进一步调查后，发现铁芯松散，金属碎片来自铁芯层压板。

　　2016 年 1 月，又有一台发电机在检查过程中，发现整个定子和现场的异物损坏。也发现铁芯松散，金属碎片来自铁芯层压板。

　　这两台发电机都需要进行铁芯修理，修复由于铁芯松动造成的损坏。图 77.3 和图 77.4 显示了需要修复的损坏发电机铁芯。

图 77.3　铁芯松动

图 77.4　铁芯缺失

建议及措施

除了定期停机期间的标准检查外，还建议进行以下检查：

（1）目视检查铁芯，寻找松动迹象。

（2）检查铁芯的内径、外径。

（3）键销扭矩检查。

案例 78——
9A5 发电机空气屏蔽罩起吊事故

适用范围

9A5 型号的所有 50Hz 发电机。

案例背景

9A5 发电机包含一个内部空气屏蔽罩和一个外部空气屏蔽罩，每个屏蔽罩分为上下两部分。当发电机运输时，提供一个专用起吊工具。图 78.1 为 GE 提供的 C 型起吊工具。C 型起吊工具用于将空气屏蔽罩连接到起重机上。

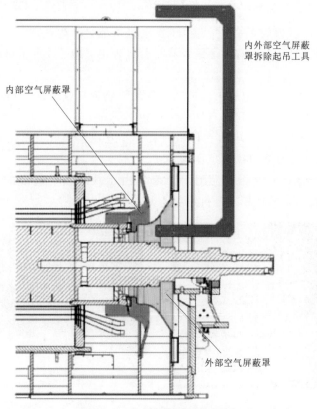

图 78.1　空气屏蔽罩拆除图例

一般情况下，空气屏蔽罩起吊工具必须能够附着在空气屏蔽罩上半部分，支撑空气屏蔽罩上半部分的重量，并以可靠的方式将空气屏蔽罩上半部分从发电机上拉出。使用不合适的起吊工具或吊装程序吊起空气屏蔽罩是不安全的。旧起吊工具只是一个 C 型钩，没有指定安装部件（图 78.2）。为了保证空气屏蔽罩拆卸过程的安全，应采用新型起吊工具（图 78.3），新型起吊工具包括一个 C 型钩和安装硬件，用于以连接 C 型钩、空气屏蔽罩以及起吊设备。

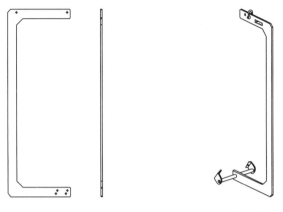

图 78.2　旧起吊工具　　　　图 78.3　新型起吊工具

建议及措施

确保拆卸内外空气屏蔽罩时使用的起吊程序、工装和设备符合所有现场安全工作惯例和标准，并采用新型起吊工具。

案例 79
静态启动器启动故障

适用范围

NATO 卡件配备 Caddock 制造的电阻的所有 LCI（ISLCI、LS2100 或 LS2100e）。

案例背景

LCI 是一种交流驱动系统，向发电机定子提供可变电压频率供应并作为同步电机启动燃气轮机发电机组。其有一个电压和电流反馈电路，控制系统通过控制基准来决定 SCR 的通断。控制系统的电压反馈由 NATO 卡件提供，如图 79.1 所示。NATO 卡件由一串高精度电阻器（公差±0.1%）组成，用于将驱动级高电压降到信号电平，信号电平可反馈至控制系统。

某些电厂在启动过程中遇到 LCI 装置间歇性跳闸。引起跳闸的原因是 NATO 卡件上发现降压电阻的变化，LCI 控制没有接收到电压反馈。进一步调查的结论是，这些跳闸只与 NATO 卡件相关，其装有由 Caddock 制造的降压电阻（图 79.2），这些电阻在高湿度

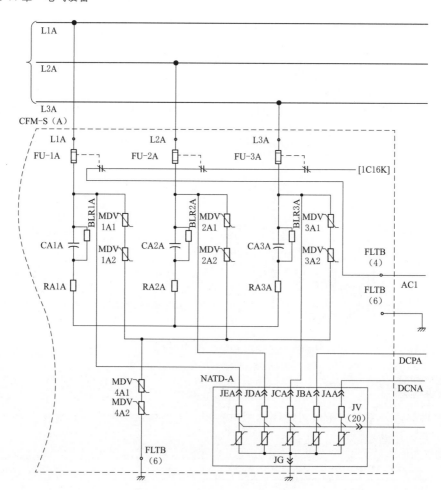

图 79.1 NATO 卡件

和高温条件下容易受到影响，产生阻值变化。若 Caddock 电阻变化超出了可接受范围，将导致 LCI 内部控制参数的误判，并引起启机期间的跳闸。

建议及措施

自 2016 年 5 月以来，NATO 卡件仅采用 Ohmite 制造的电阻（图 79.3）。建议更换配置 Ohmite 电阻的 NATO 卡件。如果没有出现与 LCI 相关的启动问题，则不需要主动更换 NATO 卡件。NATO 卡件更换详情请见表 79.1。

图 79.2 Caddock 电阻

图 79.3 Ohmite 电阻

表 79.1　　　　　　　　　　　　　**NATO 卡件更换详情**

NATO 版本（印在板件正面；Loc：C1）	更换与否
DS200NATOG♯AD 或更高	不更换
低于 DS200NATOG♯AD，有 Caddock 电阻（图 79.2）	替换为版本 G♯AD 或更高版本
低于 DS200NATOG♯AD，有 Ohmite 电阻（图 79.3）	不更换

如果发现 NATO 板采用 Caddock 电阻，建议 LCI 小室相对湿度应低于 50％的水平。

案例 80——
9E 燃机发电机主机转子接地检测滑环和导电杆连接处烧损

适用范围

南京汽轮电机（集团）有限责任公司制造的 9E 燃机发电机。

案例背景

9E 燃机国产化后，燃机配套的发电机采用南京汽轮电机（集团）有限责任公司生产的交流无刷励磁机、永磁发电机。配发电机组的励磁机由一台主励磁机和一台副励磁机组成，其主励磁机采用一台三相交流无刷励磁机，副励磁机采用一台单相永磁同步发电机，转子通过法兰与同步发电机连接在一起。其系统如图 80.1 所示。

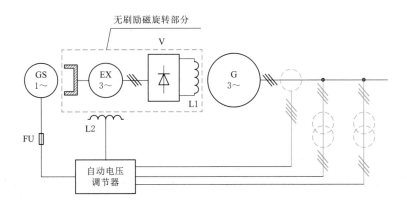

图 80.1　无刷励磁系统示意图

主励磁机是一台三相同步发电机，其磁场静止、电枢旋转，电枢输出的三相交流电经同轴旋转的三相旋转整流装置整流为直流，通入发电机磁场绕组，供给发电机励磁，因它取消了电刷和滑环，所以称为无刷励磁机。副励磁机是一台单相永磁同步发电机，磁极在转子上，极身用永磁材料制成。

其转子部分电枢转轴中心是空的，电枢绕组输出的三相交流电经过整流装置整流后变为直流电，通过位于转轴中心孔内的发电机导电杆（图 80.2）接到同步发电机磁场绕组。

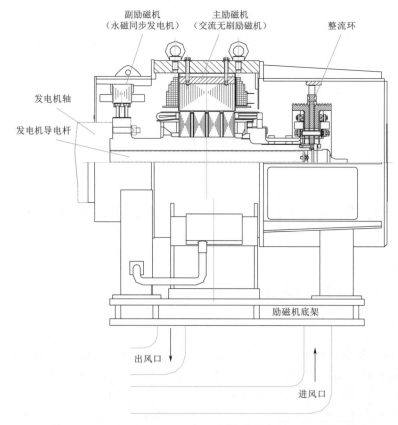

图 80.2　无刷励磁机结构图

某厂机组投产后运行约 600h，燃机 MK VIe 系统报警信息中发"低励限制动作""二极管检测报警""发电机转子接地"报警；同时发电机保护系统联跳燃机。

机组跳闸后，发现发电机转子接地保护滑环和导电杆连接处有焦煳味。燃机盘车后，检查确认发电机转子接地保护滑环和转子电压引出导电杆连接处烧损，同时发现接地保护装置滑环内外环上有短路痕迹，内侧已严重烧损。将短轴拆除后确认转子电压引出线已烧损约 1/4。如图 80.3～图 80.5 所示。

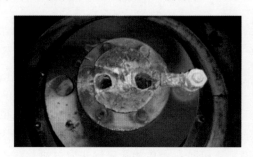 

图 80.3　转子电压引出线与滑环连接线烧毁

拆除转子旋转整流盘外观检查无异常，逐一检查快速熔丝及二极管未发现有损坏现象，对发电机转子正负极励磁导电杆首部进行外观检查未发现异常。测量发电机转子正负

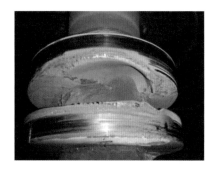

图 80.4　短轴滑环内外环均有短路痕迹

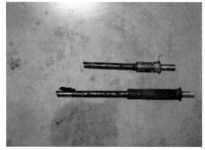

图 80.5　转子电压引出导电杆烧损情况

极对地绝缘电阻为 500MΩ，测量励磁机电枢对地绝缘电阻为 550MΩ、测量励磁机电枢绕组三相直流电阻值分别为 3.302mΩ、3.299mΩ、3.296mΩ，各测量数据值均在合格范围内，励磁机未受损。

　　根据故障录波器和励磁、保护动作情况分析，由于系统 BC 相短路，系统电压下降（最大到 5％），引起机端电压开始下降，发电机主励磁波动，AVR 增励，励磁机的励磁电压和电流上升，此时发电机转子电压引出的滑环处由于引线与滑环的绝缘磨损正负极短路，流入发电机转子的励磁电流减小，机端电压持续下降，励磁调节器增励直到励磁调节器输出最大能力。持续 4s 后，机端电压和无功均回升，但由于滑环处电弧燃烧持续，引起转子接地，延时 6s 后，转子接地保护动作跳闸。

　　该发电机所配备的无刷励磁机存在设计和制造上的缺陷，发电机转子接地保护引出线滑环上的穿心螺杆会发生长期绝缘摩擦，在本次系统 BC 相短路干扰的调节过程中，引出线及滑环正负极发生短路，致使调节器相继发生欠励限制、励磁输出最大，保护 B 柜发电机转子接地保护动作，5# 发电机跳闸解列。同类型发电机在其他一些电厂同样存在由于滑环套装紧力不够，与短轴产生振动和位移，引起穿心螺杆绝缘磨损发生短路的事件。

建议及措施

　　（1）更换改进型转子电压引出装置，由 08 型改为 10 型，如图 80.6 和图 80.7 所示，滑环直径变小、表面变宽、正负极距离加大、与轴的紧力加大，引线改为软线。

　　（2）加强运行巡视、监控，开展相关参数定期分析。

图 80.6　原电压引出装置（08 型）

图 80.7　改进型电压引出装置（10 型）

（3）坚持原有的《关于加强发电机转子接地保护装置滑环维护的规定》，做到"逢停必扫"。每次停机后对转子电压引出线滑环及绝缘件进行清理，并检查绝缘有无磨损情况。

（4）机组运行中继续定期对转子电压引出线滑环使用红外热成像仪进行测温检查。

（5）研究发电机转子接地保护改造的可行性，是否可以只引出一极电压。

（6）尽快实施对发变组保护柜、励磁柜、故障录波器进行 GPS 统一授时，利于以后的故障分析。

案例 81
9F 燃机发电机（390H）匝间短路

适用范围

国产 390H 发电机。

案例背景

某厂投产后，发电机组运行状况良好。机组正常运行时 7# 瓦轴振水平基本稳定在 70μm，但运行 2 年后，启动过一阶临界转速（约 840r/min）时的振动呈逐渐上升趋势，在 3 月 21 日达到 190μm。为了分析判断振动产生的原因，进行了两次升速试验以进行振动测试分析：在第一次升速过程中（发电机加励磁），7# 瓦 X 方向过临界转速 865r/min 时的振动达到 190um，而定速 3000r/min 及带负荷过程中，7 瓦振动属合格范围，特别是机组降速过程（发电机去励磁），过一阶临界转速时，7# 瓦轴振恢复正常水平；为进一步验证，第二次将机组升速至 1000r/min 后，切断励磁电流，机组惰走停机，整个过程的 7# 瓦振动曲线如图 81.1 所示，可以看出，在 1000r/min 时，切断励磁电流后，7# 瓦振动急剧下降且降速过临界转速时振动恢复正常值（图 81.1 和图 81.2）。说明该机组 7# 瓦的振动与加载励磁密切相关，是由电磁力造成的强迫振动。

测量了转子的直流电阻和交流阻抗，0r/min 下交流阻抗与交接时相比下降约 17%。3000r/min 下交流阻抗测量，阻抗下降约 38%。膛内交流阻抗数据对比见表 81.1。至此，可以基本确定发电机存在匝间短路，气隙磁密发生变化，短路匝绕组对应的气隙磁密将减

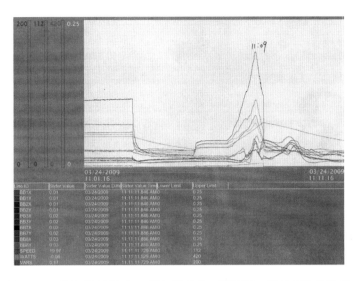

图 81.1　升速至 1000r/min 后切断励磁，7# 瓦升、降速振动趋势图

小，而电磁力和磁密平方成比例，因此定、转子之间的电磁力在不同磁极下互不相同，产生不平衡力作用于转子，从而影响过一阶临界转速时的振动。该电磁力与转子同步旋转，将激发转子在旋转频率下的振动，即通常所说的基频振动。

抽出发电机转子，现场测量转子两极电压，电压为 200V，两极电压差为 26V 左右。说明确实存在匝间短路。进一步进行分部电压测量，判断匝间短路存在于第 6 和第 9 槽。拆除励侧

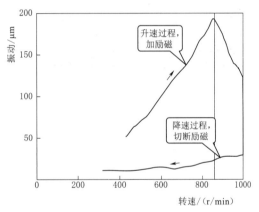

图 81.2　升速至 1000r/min 后切断励磁，
7# 瓦升、降速 BODE 图

护环，检查发现端部线圈 R 弯处的匝间绝缘移位现象严重，胶水已经没有黏性，有的已

表 81.1　　　　　　　　　2# 发电机膛内交流阻抗数据对比

交接时 （0r/min）	U/V	56.7	96.95	150.0	198.1
	I/A	6.43	10.68	15.93	20.45
	P/W	220	635	1480	2530
	Z/Ω	8.854	9.10	9.416	9.687
故障后 （0r/min）	U/V	56	96	150	198
	I/A	7.43	12.79	19.19	24.27
	P/W	240	720	1710	2870
	Z/Ω	7.537	7.505	7.816	8.158
	阻抗变化率 （与交接试验相比）	14.9%	17.5%	17.0%	15.8%

续表

交接时 (3000r/min)	U/V	50	100	150	200
	I/A	6.83	13.2	19.12	24.6
	P/W	179	675	1468	2528
	Z/Ω	7.32	7.58	7.85	8.13
故障后 (3000r/min)	U/V	50	100	150	200
	I/A	11.67	22.15	31.01	38.7
	P/W	320	1205	2580	4245
	Z/Ω	4.284	4.514	4.837	5.167
	阻抗变化率 (与交接试验相比)	41.5%	40.4%	38.4%	36.4%

图 81.3　端部匝间绝缘的情况

经跑出。拆除汽侧护环，检查端部线圈匝间绝缘，R 弯处的匝间绝缘移位现象比励侧更加严重，普遍存在，达 80%，甚至有的已经完全看不到了。端部直线部分的匝间绝缘也有移位。从端部情况来看，匝间短路不是一点，而是存在多点的情况。端部匝间绝缘的情况如图 81.3 所示。

起出 9# 线圈后，发现端部直线部分明显的匝间短路点在励侧第 3 和第 4 匝（图 81.4），槽内部分的匝间绝缘有脱胶（图 81.5）、断裂（图 81.6）、移位等现象。

图 81.4　短路点

图 81.5　绝缘脱胶

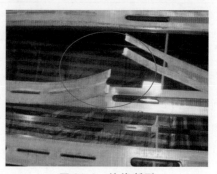

图 81.6　绝缘断裂

经过对发电机线圈拆出和对匝间绝缘粘接状态进行细致查看和技术分析后认为，匝间绝缘移位主要是绝缘垫条和铜排粘接强度不高所致。发电机使用的匝间绝缘材料（含槽部、转角和弧部）是由 GE 公司提供的成品，匝间垫条上自带粘接胶，制造厂仅在3 台机组上使用这样的材料自己粘接固化（之前生产的发电机转子整套进口）。而在 390H发电机的技术引进中不包括绝缘方面的技术转让，制造厂在不完全掌握外方工艺的前提下采用了 HEC 原有的匝间绝缘烘压工艺。在该发电机粘接后未发现开裂现象，因此就下线组装。但是从现场所见匝间绝缘粘接状态及溢胶现象，可以确定有些匝间垫条上的粘接胶并没有完全固化好，使粘接强度未达到最佳状态。用于定位刷的少量 JX-9 胶粘接面积不均匀，造成 JX-9 胶粘接点间那些粘接强度不高的垫条开胶后产生变形、抻开、断裂、折叠等现象，更加证明自带粘接胶的匝间垫条粘接强度不高。另外燃机频繁启停，转子铜线和直线匝间绝缘的热胀冷缩交替频繁，使缺陷严重化。

建议及措施

国产 390H 发电机是按照哈尔滨电气集团有限公司（以下简称"哈电"）390H 发电机转子的生产工艺进行的，但是按此工艺生产的转子运行时间都不长，是否能真正达到进口产品的质量，适应燃机频繁启停的要求，还有待时间的检验。鉴于以上情况，建议在发电机运行和检修中采取以下措施：

（1）要密切监视发电机启动过程中的振动情况，特别注意在过临界转速时的振动是否有突变，并与停机时的振动比较。

（2）在检修中测量转子交流阻抗，进行历史比较，变化较大时需要进一步检查，如两极电压测量、开口变压器感应电势测量等。

（3）检修中有条件的情况下，用 BI 检查转子端部绕组的匝间绝缘状况及线圈是否有发热情况，及时处理发现的问题。

（4）加装转子绕组动态匝间短路监测装置，在运行中检测是否存在匝间短路。

案例 82——
静态启动器故障导致启动失败

适用范围

所有 9F 燃机配置的 LCI 装置。

案例背景

燃机在启动时必须要有一套外来的动力装置提供启动转速，在控制系统的命令下，帮助燃机旋转、点火、升速。LCI 为一种专门用于启动燃机发电机组的交流调速驱动系统。其工作原理为，该装置通过 6kV 电源开关（取自厂 6kV 母线），由隔离变压器供电，经整流器提供一个受控的直流电压输送至直流电抗器，再经逆变器后向发电机定子输入电压和频率可变的交流电，从而驱动转子加速。其工作过程为，启动初期燃机—发电机组以盘车转速旋转，LCI 连接到发电机定子并接受转子电压基准的控制。Mark Ⅵ 透平控制提供运行命令和速度设定值信号给 LCI，控制 LCI 将机组逐步加速到自持转速，然后 LCI 逐步减少输出，此时燃机产生的扭矩足够用来将机组加速到额定转速，在 90% 转速时，LCI 停止输出并与发电机断开，LCI 停用。

某电厂 LCI 启动过程中，52SS 开关以及 6kV 隔离变压器均发出零序过流报警，52SS 开关零序保护动作跳闸（保护定值 1A，延时 0.3s），LCI 本体处有 "45 Trip　Source breaker fault"（断路器故障）报警。

（1）根据故障现象，首先对电气二次设备检查：

1）保护装置录波分析：调取 52SS 开关保护装置录波图，如图 82.1~图 82.3 所示，可以看出，2# LCI 启动、6kV 开关合闸后，LCI 隔离变压器充电，电流波形不对称，电流呈突然增大后衰减趋势，单相电流偏向于时间轴的一侧，谐波含量特别是二次谐波含量显著，即有明显的变压器空投时的励磁涌流特征；2 个周波后三相电流出现零序分量，并持续增大（最大约 7A）后逐渐衰减；充电电流持续 0.4s 后由于零序保护动作跳闸而消失，变压器充电过程中 6kV 母线三相电压平稳无异常。

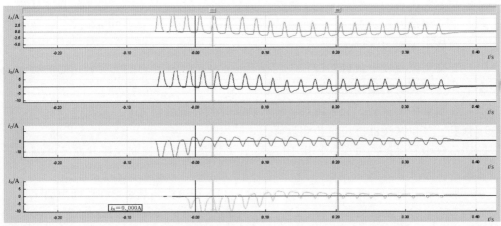

图 82.1　LCI 启动零序跳闸时 52SS-2 开关保护电气量波形图

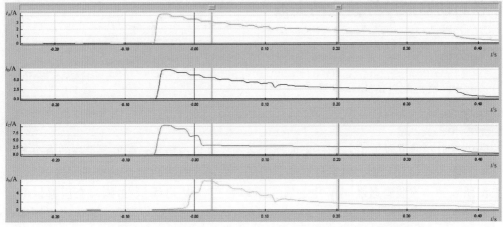

图 82.2　LCI 启动零序跳闸时 52SS-2 开关保护电气量趋势图

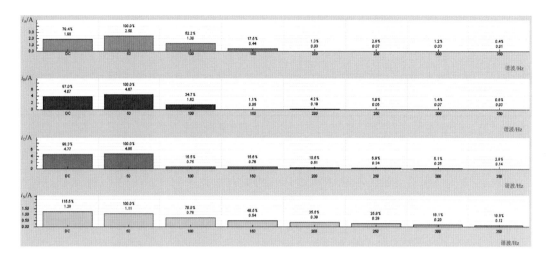

图 82.3   LCI 启动零序跳闸时 52SS－2 开关保护电气量谐波分析图

2）2# 发变组故障录波器录波分析：调取 2# 发变组保护录波图，如图 82.4 所示，分析 2# LCI 启动时 6kV、2A 段进线开关电气数据，LCI 隔离变压器充电后，录波器记录的 6kV、2A 进线电流同样呈现励磁涌流特征，8 个周波后三相电流出现零序分量，并持续增大后逐渐衰减；充电电流持续至 0.4s 后由于 52SS 开关零序保护动作跳闸而消失，变压器充电过程中 6kV 母线三相电压平稳无异常。

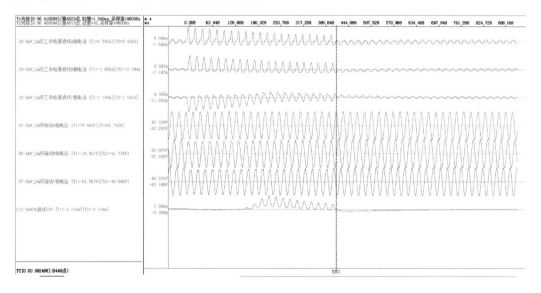

图 82.4   LCI 启动零序跳闸时 6kV 段 2A 进线电气量波形图

3）2# 机 LCI 装置 52SS－2 开关保护检验：项目内容包括保护装置交流电流回路绝缘电阻测试、保护装置交流采样测试、保护装置零序保护检验、TA 二次绕组伏安特性测试。检查结果显示，电气二次保护装置、交流电流回路和 TA 二次绕组无异常（电气二次报告，如图 82.4 所示）。

4）电气绝缘检查：与该开关连接的电气部分相关元器件的绝缘检查，包括避雷器、高压电缆、6kV 开关，绝缘测试结果合格。

5）隔离变压器检查：包括隔离变压器的交流耐压、绝缘电阻、绕组直流电阻和短路阻抗测试，测试数据均在《江苏省电力设备交接及预防性试验规程》技术要求的范围内，结果合格。

6）最后 LCI 本体进行外观检查未见明显异常，LCI 人机接口显示 LCI 装置无报警和异常，与 LCI 厂家的 GE 技术人员联系沟通，确认在 LCI 无异常报警情况下，LCI 存在故障的可能性不大。

从上述电气二次检查试验和故障录波分析的检查结果来看，2# 机 LCI 隔离变进线开关保护装置录波图与发变组录波图显示电气参数数据比对吻合，而后进行的开关保护装置及二次回路检验合格，可以确定电气二次保护装置及回路不存在异常。

（2）电气一次检查：试验数据合格，综合电气一次和电气录波数据分析，本次 LCI 启动时，6kV 三相电压平稳且正常对称，变压器空充电流在空充后即持续衰减，无短路和接地等绝缘故障特征。可以排除 6kV 侧电气一次设备绝缘故障的可能性。而且 52SS 开关三相电流同步出现，可以排除 LCI 隔离变进线开关机械特性三相非同期的问题。

由于 LCI 隔离变压器为 Dd – 0/Dy – 11 接线，理论上的低压侧设备及 LCI 装置故障零序电流不能传变至电源侧三角形外的电源进线上，而应在三角形内侧形成环流，同时结合 LCI 装置没有异常报警等迹象，基本可以排除隔离变压器低压侧 LCI 装置的故障导致此次保护动作的发生。

而此次故障中，LCI 进线的零序保护采用三相电流互感器自产零序，变压器空投时产生的励磁涌流存在不对称的分量，但由于空投变压器的 6kV 电源侧为三角形接线，涌流中零序电流分量在三角形绕组内部环流而不流出至电源侧，故理论上在电源进线开关上不存在零序电流分量，励磁涌流不会导致零序保护动作，根据录波图可以看出充电后 2 个周波内三相涌流零序分量为 0，但 2 个周波后三相电流互感器由于非周期分量逐渐进入暂态饱和，不能正确传变一次电流，从而在三相互感器二次电流中产生零序分量，当零序电流定值和延时不能躲过互感器暂态饱和所产生的零序电流时，零序保护动作跳闸。在 LCI 启动时的录波图中，该厂同类型 1# 机组 LCI 进线开关在多次启动时的录波记录中同样采集到零序电流，只是衰减速度快，尚未达到保护的动作条件。

根据初步排查结果，为了躲避励磁涌流，将零序保护延时由 0.3s 调整至 0.4s，并进行合闸试验，零序保护动作跳闸，检查相关电气一次设备未见异常。对保护装置和故障录波器的录波波形进行了分析解读，发现跳闸时保护装置的电流仍呈现明显的励磁涌流特征，零序电流峰值约 9A，0.4s 时仍未衰减至约 1A（保护定值）以下。

（3）鉴于调整延时后再次启动仍然跳闸，慎重考虑，讨论后确定采用分段检查方法对电气一次系统进行全面的检查。检查思路为：①将变压器与 LCI 本体之间的连接电缆解开，进行 LCI 隔离变压器空充试验，空充变压器；②如变压器空充未成功，表明故障源在变压器、电源开关之间，则需对变压器、变压器与电源开关间的电缆等设备元件进行交流耐压试验或高电压特性检测试验；③如变压器空充成功，表明除 LCI 本体外的其他电气一次设备无异常，则由厂家人员配合进行 LCI 本体的检测，如有异常则处理，无异常则对零序延时由 0.4s 调整至 0.6s，并充电；④如充电成功，则进行 LCI 拖动燃气机组正常投运。

1）解开 LCI 隔离变压器与 LCI 本体之间的高压电缆，进行两次变压器空充试验，间隔 15min，试验结果均正常，变压器空投后运行良好。其中，第一次空充时，电源开关零序保护启动未跳闸，零序电流峰值 5A，0.25s 时衰减至 1A 以下，如图 82.5 所示；第二次空充时，零序保护未启动（说明零序电流较之第一次峰值更低，衰减更快，保护装置未启动录波）。本次试验完全排除了 LCI 本体之外的设备异常。

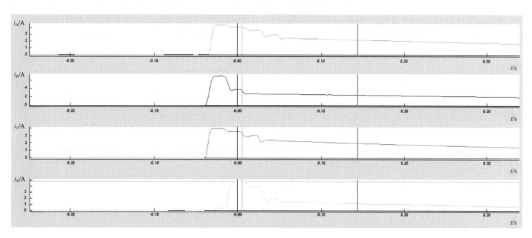

图 82.5 变压器空充的电流录波图（零序保护启动）

2）对 LCI 本体进行检查，LCI 本体绝缘检查正常、各附件外观检查无异常、电阻和功率元件等简单测试无异常、内部参数设置正确。将电源开关的零序保护延时由 0.4s 修改为 0.6s，进行变压器带 LCI 装置充电试验（不拖动燃气机组），变压器带 LCI 装置充电成功，电源开关零序保护未启动；将延时由 0.6s 改回至 0.4s，LCI 再次充电成功。2# LCI 带 2# 机组启动正常。

通过两次检查和试验工作，可以确定"LCI 电源进线开关零序保护动作跳闸"的原因为，由于变压器铁芯剩磁以及开关合闸角的影响，LCI 启动、隔离变压器投入时产生较大的励磁涌流，涌流中非周期分量的影响造成电流互感器的暂态饱和，三相叠加零序电流大于零序保护定值，且在 0.3s 内未衰减至 1A 以下的保护返回值，造成零序保护跳闸。

（4）1 月 26 日，零序保护延时由 0.3s 调整至 0.4s，进行 LCI 启动投入试验时零序保护再次发生跳闸。分析原因为：在 1 月 18 日对变压器进行了绕组直流电阻测试，直流电阻测量时变压器铁芯会形成剩磁，且电流越大、测试时间越长，剩磁量也越大，本次测试电流 5A，变压器铁芯剩磁加剧了充电时的励磁涌流，电流互感器的暂态饱和更加严重，三相叠加的零序电流更大（最大 9A）且衰减周期更长，在 0.4s 内未衰减至 1A 以下，零序保护动作跳闸。

（5）后期 LCI 变压器两次单独空充、变压器带 LCI 本体两次空充、LCI 带燃机投运均成功。分析原因为：LCI 变压器经过空充投运时的交流电流冲击，降低了铁芯磁通峰值，达到了消磁的目的，减小了励磁涌流，电流互感器的饱和状况缓和，零序电流峰值降低、衰减时间缩短，躲过了零序保护的动作时间（第一次空充时零序保护启动、后续几次试验零序保护均未启动）。

通过以上措施的执行，2# 机组 LCI 启动过程中，未发生零序电流保护动作的情况。但是开关一次合闸不成功再次启动成功的情况仍有发生，且保护装置和 LCI 无异常报警。据统计，平均每个月发生 1~2 次，且无规律性。

（6）由于该 6kV 开关故障发生具有不规律性、偶发性，只能利用停机机会，经过大量的比对和论证工作，在长期努力跟踪下，终于成功捕捉到一次机构动作但没有成功合闸现象，主要论证过程见表 82.1。

表 82.1　　　　　　　　　　　　　论　证　过　程

序号	检　查　步　骤	调查方式	验　证　情　况	完成日期
1	电气回路合闸电源是否正常，合闸回路元件及接线是否良好，DCS 合闸指令脉冲和分闸指令是否正常	现场验证、记录调查分析	直流回路电源、合闸回路元器件、接线检查正常，调阅 DCS 历史记录，DCS 分合闸指令正常	10 月
2	本体辅助接点、防跳回路是否可靠，二次插件针脚是否完好牢固，综保装置校验是否正常	现场验证	开关本体辅助接点动作灵活、防跳回路可靠，二次插头接线完好，综保装置校验正常，对比两台机组参数一致	11 月
3	机械部分进行检查	现场验证	检查分合闸线圈的动作行程和各连杆的动作位置、灵活性，未发现明显缺陷	11 月
4	模拟运行时的真实工况，在开关试验位进行电动储能分合闸试验	现场验证	当测试到第 23 次合闸时，开关机构动作，但未能正常合闸，计数器动作，储能释放后再次储能，DCS 调阅历史未发现合闸信号	12 月

经过以上检查，结合开关特性试验结果，判定电气回路不存在故障，故障原因出在开关的合闸机构部分，其内部结构图如图 82.6 所示。

通过对此开关的检查和试验工作，结合电厂投产以来的 6kV 开关运行情况，分析该型开关总体运行情况良好，此故障为偶发性现象，原因可能是出厂时扣接量下限调整得较小，此开关因为启停机频繁，动作次数较多，机械存在一定的误差导致故障发生。

建议及措施

为了防止变压器空投时励磁涌流导致 52SS 开关的零序保护动作，电厂应有针对性地做好以下措施工作：

（1）优化零序保护配置选择。在 52SS 开关继电保护装置 7SJ68 的内部保护逻辑中，零序二段（高值段 IN≫）不受涌流闭锁，零序一段（低值段 IN≫）受涌流闭锁，此逻辑

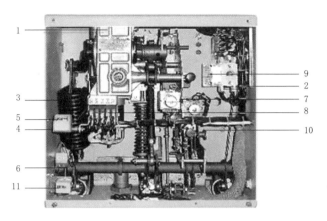

图 82.6　内部结构图

1—齿轮箱；2—辅助开关；3—合闸弹簧；4—电机；5—合闸弹簧储能指示；6—计数器机构；
7—合闸线圈；8—位置开关；9—合闸按钮；10—分闸按钮；11—计数显示器

是为了防止变压器空投时涌流导致接地保护误动和拒动而设置。现场将 52SS 开关继电保护定值零序二段（高值段 IN≫）调整至零序一段（现场继电保护定值为"零序一段投入，零序二段退出"），此措施可以保证零序保护在变压器空充时受涌流谐波闭锁而不误动。

（2）适当调整零序电流保护定值。为了确保变压器空充时接地故障能够得到切除，在零序低值段投入的情况下，可同时设置不受涌流闭锁的高值段零序保护，但需增大定值和延时来可靠躲过励磁涌流导致的电流互感器暂态饱和形成的零序电流，定值修改中需注意与上一级进线保护和下一级隔离变压器保护的定值和延时上的配合，防止保护越级跳闸，同时要保证零序定值对接地故障的灵敏度，保证保护的选择性。

（3）其他方面。变压器进行直流电阻测试时，优先考虑选用较低的测试电流（≤2A）进行。因该变压器低压侧两组绕组接线方式不同（分别为星形和三角形），长期运行后，铁芯必然会有一定的剩磁积累。推荐采取定期（3～5 年）对变压器铁芯进行一次消磁（其方法可采用专用消磁器法、外加交流激磁电压法），或正式投运前先行对变压器进行空充（不带 LCI 装置）的方式进行消磁；如变压器采用较高的测试电流进行直流电阻测试，若未采取相应的消磁措施，测试后不宜即行恢复变压器带 LCI 装置充电运行。

（4）全面排查现场设备，针对开关次数较多的设备，要加强对脱扣单元保持挚子的检查，如有扣接量较小的情况，需及时进行调整。调整后要做好开关特性及分合闸电压的试验工作，防止因调整过大而导致分闸异常的状况发生。

（5）全面完善检修文件包、设备台账以及检修规程，将脱扣单元检查工作常态化。

第5篇
控制篇

第 12 章　控制系统

案例 83
中压缸叶片冷却逻辑修正防止过度冷却

适用范围

具有特定再热冷却系统配置的联合循环蒸汽轮机。

案例背景

许多汽轮机设计需要再热蒸汽冷却中压转子。蒸汽经高压缸前几级后，通过外部管道导至 N2 汽封，在那里冷却 N2 泄漏蒸汽和一级中压叶片。

外部管道直径的大小与低负荷下所需提供的流量相关。在高负荷下，需要的冷却蒸汽更少，因此可关闭中压蒸汽调阀（RHCV），以减少流量并提高效率。与 RHCV 相关的冷却蒸汽截止阀（CSBV）在某些条件下可以关闭，以防止在高中压部分之间出现意外蒸汽流动。在低负荷时，控制逻辑将打开两个阀门，而在高负荷时，RHCV 将关闭以减少流量。

2009 年，GE 开始使用经过改进的再热冷却系统，采用并联的 RHCV 和 CSBV。在低负荷时，冷却蒸汽仅通过 RHCV 控制；在高负荷下，通过 CSBV 控制，可减少流量。RHCV 在低负荷时打开，CSBV 在高负荷时打开，但此配置的控件逻辑未更新。

在高负荷时，与旧控制逻辑一样可提供所需的冷却流量。但在较低的负荷下，当 RHCV 和 CSBV 均打开时，可能会造成冷却流量过大。这种额外的冷却可能会对效率产生影响，但不会对转子造成危害。

建议及措施

修改具有并行 RHCV 和 CSBV 的单元的控制逻辑，以便在低负荷下只有 RHCV 打开。

案例 84
性能估算软件故障

适用范围

具有单轴机组基本循环性能（BCP）程序的 Mar VI/VIe 控制系统。

在单轴机组上，测量所得的功率对应于联合循环功率，即燃机和汽轮机总功率。为了准确模拟燃机和汽轮机对总功率的贡献，该软件使用 BCP 软件包来估计汽轮机产生的功率和发电机损失。通过计算汽轮机产生的功率，软件可以估算燃机产生的功率，如图 84.1 所示，并将估算的功率应用于自适应实时动力仿真（ARES）燃机模型中。

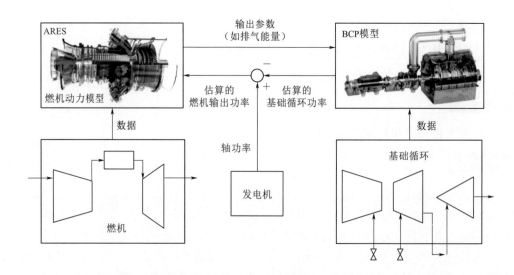

图 84.1　ARES、BCP 和燃机控制回路

精确的燃机模型意味着燃机可以接近其负荷极限，因为它对无法测量的参数（即燃机排气能量、HRSG 效率、发电机损耗等）有一个深度的估算。当燃机模型不准确时，燃机无法接近其负荷极限。在某些情况下，BCP 模型在满负荷附近可能会变得不准确。控制器软件通过比较以下多个参数来检查其质量：

（1）ARES 燃机估计功率（通常为 CA _ DWATTM）。

（2）BCP 燃机估计功率（通常 CA _ BCPF _ GTMW＋测量联合循环发电机功率＝BCP 汽轮机估计功率）。

当这些数量差异太大时，软件不再相信 BCP 模型能够准确预测汽轮机功率。为了保持燃机模型的准确性，若 BCP 和 ARES GT 估计功率差异太大，软件将忽略模型输入的燃机估算功率。在检查软件时，GE 发现 ARES 和 BCP 估计的功率限制差在基本负载附近设置得过高，这可能导致燃机输出模型出现一些不准确（即燃机排气压力和流量、燃油分离、燃油流量等）。为了最大限度地减少燃机模型的不确定性，并允许单轴机组尽可能可靠运行，可能需要降低这些限值。

建议所有受影响的机组实施应用软件修改，以提高燃机模型的准确性。

案例 85
Mark VIe 电路板上 37 针连接器缺少锁定柱导致通信故障

适用范围

所有 Mark VIe 控制器。

案例背景

如图 85.1 所示，Mark VIe 控制系统是一个灵活的平台，其架构支持各种大型工业应用的独特工程功能，包括但不限于燃气轮机、蒸汽轮机和其他工厂应用。它具有高速的网络输入/输出（I/O），用于简单、双冗余和三冗余（TMR）系统。这些控制系统包含终端板，通过网络传输 I/O 数据，供 Mark VIe 控制器、人机接口（HMI）等使用。这些通信的电缆和电线必须牢固地贴在连接点上，否则可能影响持续、可靠的通信。

图 85.1　典型 Mark VIe 控制系统

最近，一些电厂发现 Mark VIe 端子板上 37 针插头有锁紧螺栓，然而，端子板上 37 针插座没有所需的锁定柱（图 85.2），存在跳机的风险。

（a）缺少锁定柱　　　　　　　（b）带锁定柱

图 85.2　37 针插座

建议及措施

（1）建议在端子板 37 针插座添加锁定柱，以确保电缆接头不会卸下并受损，防止电缆插头松脱跳机。

（2）收到新的锁定柱后，根据图 85.3 安装所有受影响的端子板连接器。注意：在执行此返工之前，应确保安装器电源已断开。

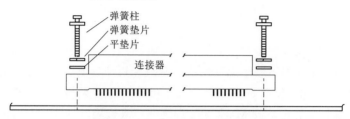

图 85.3 带锁定柱的新连接器安装

案例 86
智能变送器故障状态和配置设置

适用范围

所有安装智能变送器的 Mark VI、Mark VIe 和 Mark VIeS 控制系统。

案例背景

过去，GE 曾使用包括压力和温度开关、模拟变送器在内的传感器组合，在某些响应速率不太关键的地方使用智能变送器。控制升级和新安装的控制系统中已经用智能变送器取代了这些开关和传统模拟变送器。

传统模拟变送器提供 4～20mA 的信号，并具有零位及满量程调整螺钉，如图 86.1 所示。4～20mA 输出不具有数字信号或通信能力。

智能变送器是基于微处理器的设备，提供 4～20mA 信号，还可提供多种过程处理能力、复杂的线性化、温度补偿、仪器信息和诊断，其电气连接如图 86.2 所示。通常使用手持通信设备或变送器显示器执行更改配置和校准过程。

典型的智能变送器选择配置之一是警报等级输出。在变送器自诊断故障的情况下，基于变送器跳线或开关选择，变送器输出将被安全上限值或安全下限值激发。智能变送器默认设置为上限值。默认值在制造商之间是不同的。如：罗斯蒙特智能变送器默认设置的上限为 21.75mA，下限为 3.75mA。不同变送器制造商在专用值和特定值之间略有不同，但大多数使用跳线或开关来选择报警等级状态。无论报警等级如何配置，变送器和控制系统之间的电缆发生短路或开路导致 0mA 电流产生。

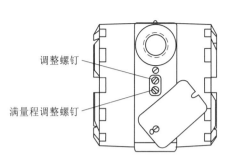

图 86.1　零位及满量程调整螺钉示例

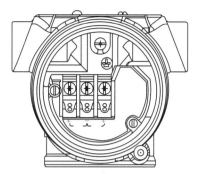

图 86.2　智能变送器电气连接

　　Mark VI 和 Mark VIe 平台有默认输入毫安范围限制配置参数，以确定故障的模拟输入。默认值通常是最大值 22.5mA 和最小值 3mA。这些现有默认值超出了大多数变送器制造商故障值的范围，因此，Mark 控制器可能无法识别变送器自诊断故障和不良故障。

　　例如：如果变送器和输入校准为 0～50psi，则当变送器故障为 21.75mA 的上限默认值时，输入将指示为约 55.47psi。由于 21.75mA 小于默认的 22.5mA 最大值，因此 Mark VI 控制器可能无法将模拟输入标识为故障信号。使用典型默认配置时，变送器故障可能在 Mark VI 或 Mark IE 系统上显示压力高而不是故障。

　　各种软件可能包括某些模拟输入的操作限制，以确定输入是否超出范围。例如，带输入信号处理（ISP）软件的燃机增强瞬态稳定性（ETS）经过精心设计，可最大限度地降低关键传感器故障的影响。传感器故障检测包括信号运行状况和信号范围定义的使用。变送器的故障应指示信号不正常，故障电流应超过定义的工作范围，以便从过程计算中移除变送器。此外，最关键的模拟输入传感器具有冗余的变送器测量值，可针对单个变送器在范围内故障提供一些防御。

建议及措施

　　建议执行以下步骤，以帮助确保智能变送器正确配置为"上限"或"下限"，并确保控制器的电流范围配置参数与变送器制造商上限和当变送器自诊断故障时发送到控制器的故障下限电流一致。

　　（1）确定是否安装了智能变送器。通常，智能变送器在物理上与传统的模拟变送器相同。从传统变送器过渡到智能变送器的过程中，经常会使用完全相同的零件号和机身风格。包含数字显示屏的变送器可能是智能变送器。

　　1）在变送器内，如果看到通信终端标签，则变送器是智能变送器。

　　2）可使用手持通信设备从控制系统接线端接点进行通信尝试。如果没有响应，则设备可能是传统的模拟变送器。

　　（2）通过开关或跳线设置为适当的报警状态（故障高或故障低），如图 86.3 所示，具体可参阅智

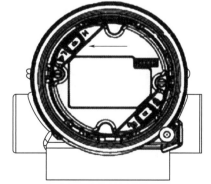

图 86.3　报警故障方向开关示例

能变送器制造安装/用户手册设置。

（3）更改控制器 I/O（Max _ MA _ Input 和 Min _ MA _ Input）配置参数，如图 86.4 和图 86.5 所示。对于所有带智能变送器的 I/O 硬件均应进行此操作。

1）将模拟输入配置 Min _ MA _ Input 由 3.0 更改为 3.77。

2）将模拟输入配置 Max _ MA _ Input 由 22.5 更改为 21.5。

3）启用模拟输入配置 Diag High Enab 和 Diag Low Enab。

（a）错误的数值

（b）修改为3.77和21.5

（c）配置界面

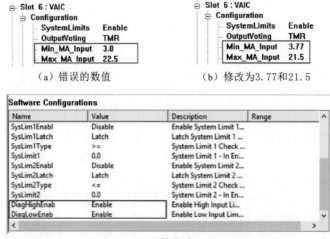

图 86.4　Mark VI I/O 配置更改

（a）错误的数值

（b）修改为3.77和21.5

（c）配置界面

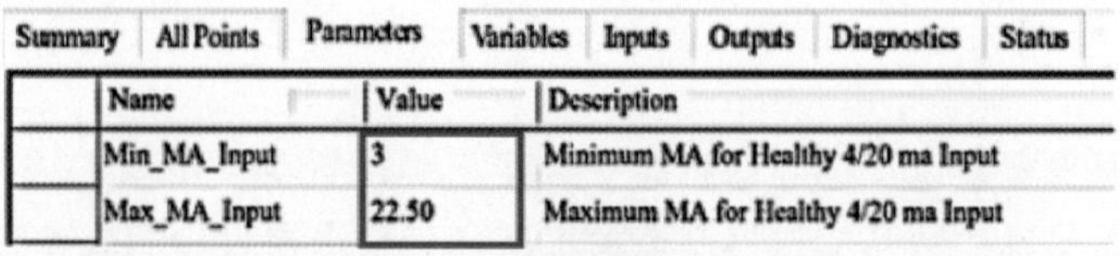

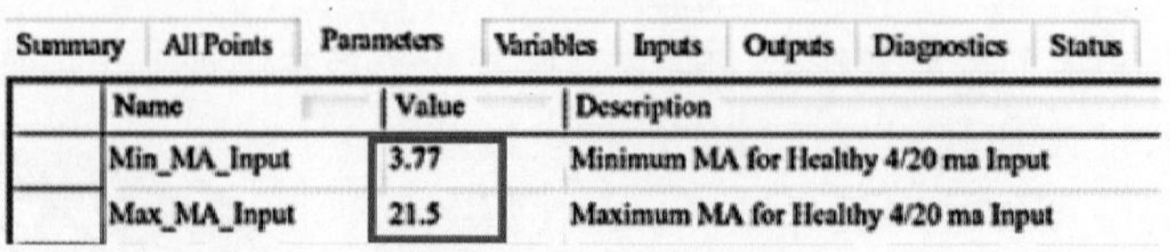

图 86.5　模拟输入/输出（PAIC）和核心模拟模块（PCAA）
Mark VIe I/O 配置更改

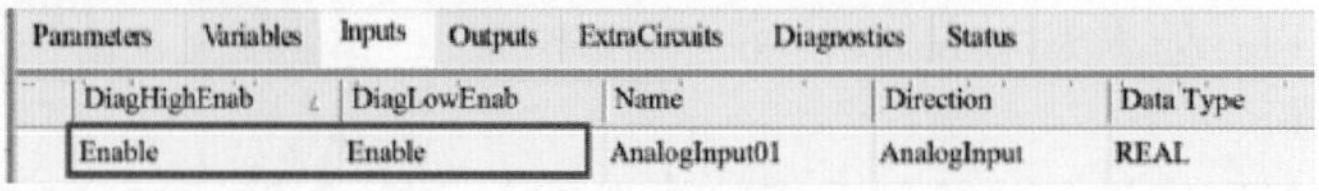

案例 87——
网络交换机故障

适用范围

Mark VIe 和 Mark Ve 控制系统。

案例背景

　　工业以太网交换机经专门配置后，可满足实时工业控制解决方案。这些交换机可提供主控制处理器和 I/O（输入与输出）组件之间的通信路径。IONet 是一种构建于 Mark VIe 控制平台上的网络，可在控制器和 I/O 电路板之间传输数据。图 91.1 显示的是拥有 16 端口的 N-TRON 交换机，与燃机控制盘连接。

图 87.1　N-TRON 交换机

　　一些安装 Mark VIe 控制系统的电厂，网络交换机的一些部位不断出现故障。受影响的 16 端口交换机的 GE 部件号为 336A4940DNP516TX 和 336A4940DNP517FX。其中，最常见的故障模式与电源输入电容器出现电解质泄漏有关。通常来说，电解质电容器是所有电路板中的寿命限制组件，然而，在常规运行条件下，其寿命可长达 30 年以上。若组件长期暴露在高于常温的条件下，可能缩短其寿命。

　　最可能的故障现象为因单个交换机重置以及当交换机恢复正常后后续通信数据丢失引起的来自一组 I/O 元件组的所有通信数据丢失。这些问题可能在 20min 至几小时范围内重复发生。目前已发现使用所有或几乎所有 16 个端口的交换机更易受到电源问题的影响。电容器故障模式经常伴随着嘶嘶声和啪啪声。

具有 TMR 系统（图 87.2）的单个 IONet 交换机在使用时出现的故障应不会造成燃气轮机跳机。但单个交换机故障导致机组受到影响或停机，则应在更换交换机的同时调查并修正 TMR 丢失的实际原因。

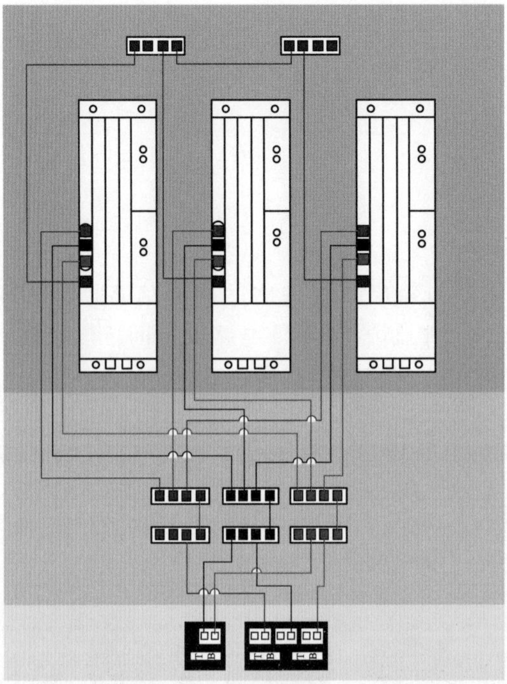

图 87.2　TMR 系统电路原理图

建议及措施

新型 IONet 以太网交换机可向上与现有的 N - TRON 交换机兼容，并可在现有的 Mark VIe 和 Mark Ve 控制系统中混合使用。

（1）更换出现上述问题的部件号为 336A4940DNP516TX 和 336A4940DNP517FX 的交换机，相应的部件号为 IS420ESWBH3A 和 IS420ESWBH1A。

（2）确保面板中的布线和其他材料不会阻碍控制柜内部器件周围的空气流动。

（3）按照规程要求维护控制系统中的 TMR 功能。

案例 88
燃机应急保护模块/燃机保护模块特定配置下的机组跳机

适用范围

所有配备燃机保护模块（VPRO）卡件的 Mark VI 控制系统，或配置燃机应急保护模块（PPRO）H1A 卡件的 Mark VIe 控制系统。

案例背景

Mark VI 和 Mark VIe 控制系统中作为机组备用保护的 I/O 卡件分别为 VPRO 和 PPRO。VPRO 和 PPRO 是完全独立的，不受主保护控制影响，提供独立的备用超速保护，以及发电机同期备用检查。它们也提供独立的对主保护的看门狗功能，同时监视端子板上的紧急停机（E-stop）信号状态，在紧急停机按钮被按下的时候，用它来交叉联跳主保护。

某电厂发生了由紧急跳机回路引起的误跳机事件。对该事件的分析结论显示，电气快速瞬变（EFT）噪声造成了该误跳闸事件的发生。EFT 噪声可以由操作电磁阀、大功率继电器等产生。当燃机紧急跳闸板卡（TREG）上的 JH1 电缆在连接状态下，且该板卡上 7 个跳机触点的"跳机模式"被设置为"不使用"时，上述现象可能会发生（如图 88.1 和图 88.2 所示）。

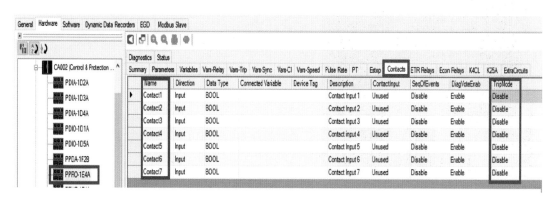

图 88.1 PPRO 上的跳机触点配置

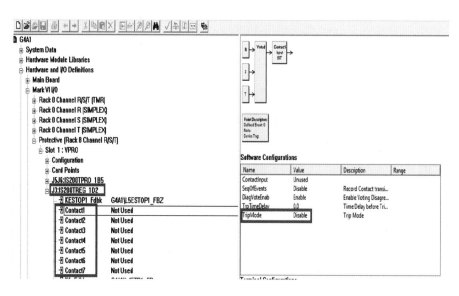

图 88.2 VPRO 中的触点配置

建议及措施

（1）Mark VIe 控制系统机组：对配备 7 个跳机触点的 Mark VIe 控制系统的机组，建议将 JH1 电缆从板卡上断开（JH1 电缆的位置如图 88.3 所示）。需要注意的是，断开 JH1 电缆可能会不断产生诊断报警（触点激励电压故障），需要将 ControlST 软件升级到 V04.07 以上来消除该诊断报警。

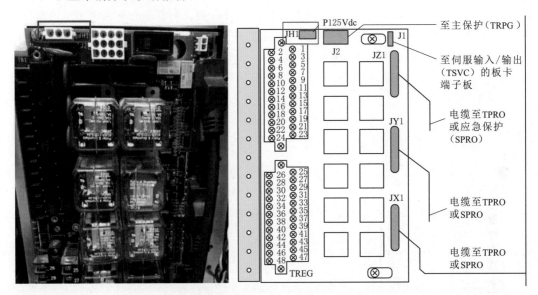

图 88.3　TREG 板卡上的 JH1 电缆

（2）Mark VI 控制系统机组：对将 7 个跳机触点"跳机模式"设定为"不使用"的 Mark VI 机组，建议将 JH1 电缆从板卡上断开。需要注意的是，断开 JH1 电缆可能会不断产生诊断报警（触点激励电压故障）。

案例 89
Mark VI 和 Mark VIe 控制系统网络安全

适用范围

所有 Mark VI 和 Mark VIe 控制系统。

案例背景

Mark VI 和 Mark VIe 控制系统在利用远程维护和诊断服务时存在网络攻击风险。

Mark VI 和 Mark VIe 控制系统通常有如下 3 个独立的网络：

（1）机组数据高速通道（UDH），在控制器面板和 HMI/现场监视器（OSM）之间传输数据和命令。

（2）工厂数据高速通道（PDH），HMI 和 DCS 和/或 OSM 和/或 RSG 之间的数据传输，未连接到控制面板。

（3）IONet，在控制器和 I/O 电路板之间传输数据。在 Mark Ⅵ 平台上，这是一个基于同轴电缆（Thinet）的小型网络，但在 Mark Ⅵe 上，该网络构成控制器的广泛内部"背板"通信。Mark Ⅵ 网络示意如图 89.1 所示。

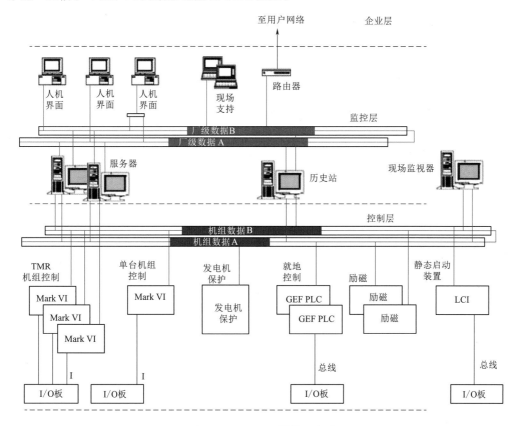

图 89.1 Mark Ⅵ 网络示意图

以太网网络是 Mark Ⅵ 和 Mark Ⅵe 产品平台的组成部分，系统配置了标准以太网软件服务，如文件传输协议（FTP）和 Telnet。

FTP 允许在网络上传输数据文件；Telnet 是一个非常常见的终端会话程序，它允许通过网络与计算机或控制器进行一些基本的远程接口。这两种服务都没有固有的安全性或加密功能，并且以纯文本格式传输用户标识符或密码数据，使得这些信息容易被黑客捕获。此外，Mark Ⅵ 和 Mark Ⅵe 控制器历来都带有简单的默认密码，这也增加了未经授权访问的可能性。FTP 和 Telnet 可能在网络的 UDH 部分出现问题。

另一个潜在的问题是未经授权的个人远程访问 HMI 控制器。在大多数情况下，当开发 HMI 的远程连接和控制（用于远程调谐和诊断故障排除）时，这些问题得到了识别和缓解。但是，用于提供远程服务的远程访问使用程序是一个潜在的漏洞，建议在不使用这些服务时禁用相关程序。

最后，建议在 UDH 网络和远程网络连接之间应用网络流量过滤器（如图 89.2 左下角的 S3C 所示）。此设备将阻止所有与控制无关的流量从外部源（如 OSM）进入 UDH，以在工厂周边提供额外的安全层。

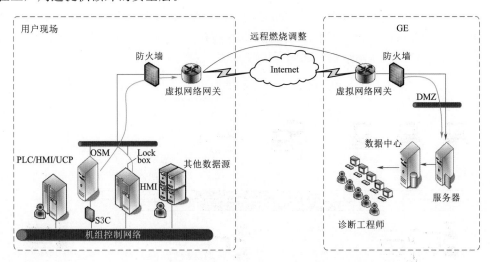

图 89.2　具有 OSM 和远程调谐能力的电厂典型高层概览

建议及措施

（1）禁用在控制面板中运行的 FTP 和 Telnet 服务。正常操作不需要这些服务，但是，在维护/故障排除工作期间，它们可能偶尔会被使用，有时可能需要临时重新启用。

（2）修改系统附带的默认密码。修改 HMI 和控制面板的默认访问密码，并在必要时开发一个安全可靠的系统来管理对这些密码的访问。

（3）不使用时，将所有远程服务锁盒保持在关闭位置。本建议仅适用于具有远程燃烧调整或其他远程服务功能的场所。

（4）禁用 HMI 远程访问软件。如需临时重新启用，仅适用于已批准的远程支持，并在支持会话结束时再次禁用。

（5）安装 UDH 网络流量过滤设备，能够检查并删除所有与控制无关的流量。本建议适用于外部网络连接到电厂控制网络的站点。

对于没有远程连接的站点，应该执行建议（1）、（2）和（4）。对于远程连接到控制器网络的站点，应执行上述 5 条建议。

案例 90
伺服控制 I/O 卡伺服自灭

适用范围

所有配备使用伺服控制（PSVO）I/O 卡来控制伺服液压执行机构的 Mark VIe 控制系统的重型燃机。

案例背景

　　燃机使用伺服驱动的液压执行机构来控制机组的燃料和/或空气。通常 GCV、SRV、IGV 采用液压执行机构，某些电厂液体燃料旁路阀和进口加热阀（IBH）也采用液压执行机构。PSVO 伺服控制 I/O 卡联合 TSVC 端子板控制伺服系统的电流信号，并处理来自执行器的反馈。

　　PSVO 伺服调节器通过阀门指令、反馈偏差乘以伺服增益，再加上零偏来计算发送到每个伺服线圈的电流量。在 TMR 配置时，三个 PSVO 中的每一个都向伺服阀上各自的线圈发送电流。三个线圈的电流通过磁力矩平均后来控制阀门。图 90.1 为三个 PSVO I/O 卡与一块 TSVC 端子板的典型 TMR 配置。

　　伺服自灭控制逻辑定义在 PSVO 固件中有助于确定是否有一个伺服电流调节器失去控制，必要时断开自灭式继电器的触点。这一特性的目的是减轻故障电路对执行器整体控制的影响。

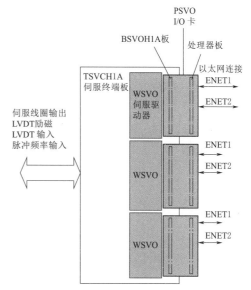

图 90.1　典型三冗余控制模块框图

　　以下是几种不同类型的伺服自灭控制情形：

　　（1）电流自灭。如果 EnabCurSuic 参数设置为 enable，当测量的伺服电流与期望伺服电流差值超过配置的参数值 Curr _ Suicide 时，则激活该自灭功能。

　　（2）位置自灭。如果 EnabFbkSuic 参数设置为 enable，当固件读取的反馈值超出配置参数值 Fdbk _ Suicide 的范围时，则激活该自灭功能。

　　（3）线圈开路自灭。如果 OpenCoilSuic 参数设置为 enable，当计算出伺服线圈的电阻值大于配置参数值 RcoilOpen 时，则激活该自灭功能。

　　（4）线圈短路自灭。如果 ShrtCoilSuic 参数设置为 enable，当计算出伺服线圈的电阻值小于配置参数值 RcoilShort 时，则激活该自灭功能。

　　（5）压力自灭。如果固件读取的压力反馈超出范围（PresFbkLowLim，PresFbkHiLim），则激活该自灭功能。这一设置只适用于 PCAA I/O 卡，但不适用于 PSVO I/O卡。

　　（6）强制自灭。这是一个应用程序代码驱动自灭。当信号 SuicidForceX 为 TRUE，则激活自灭功能。X 为控制器号码。

　　所描述的自灭报警只有所描述的自灭报警在清楚故障原因和允许复位时方可清除。

　　某些电厂机组运行中出现同一时刻 IGV 执行机构的所有三个核心线圈被报开路自灭，但物理线圈电阻测量值在正常范围内。这种假自灭导致阀门关闭，随后，燃气轮机因排气分散度高而跳闸。调查发现由于伺服线圈的高电感，并不总是能够从同一个控制器周期内准确读取线圈电流和线圈电压，这种限制可能导致在 PSVO 固件中不能准确地计算线圈电阻而引起不必要的伺服自灭。这一现象主要发生在高增益伺服驱动执行器上，如 IGV。

建议及措施

检查 PSVO I/O 卡伺服自灭的配置设置，并确保它们与表 90.1 匹配。

表 90.1 配置参数设置

伺服自灭类型	配置参数	设定值	伺服自灭类型	配置参数	设定值
Current Suicide	Enable	5%	Open Coil Suicide	Disable	N/A
Position Suicide	Enable	5%	Short Coil Suicide	Disable	N/A

案例 91
I/O 卡件故障（一）

适用范围

所有 Mark VI 或 Mark VIe 更换控制系统的单元。

案例背景

Mark VIe I/O 卡件包含一个通用处理器板（BPPB/BPPC）和一个数据采集板，这是连接设备类型所特有的。每个终端板上的 I/O 卡件将信号数字化，执行算法并与 Mark VIe 控制器通信。Dallas ID 芯片是一种集成电路（IC），存在于 Mark VIe 控制系统的许多组件中。此 IC 存储标识板（或 I/O 卡件）的信息，I/O 卡件需要与控制器通信。

通过对部分 I/O 卡件的故障分析，确定在 I/O 卡件热插拔过程中发生的电压瞬变可能超过 Dallas ID 芯片的最大额定电压，并可能影响其相关的端子板和扩充板。在某些情况下，可以在 I/O 卡件中安装 28Vdc 电源连接器，偏移一个引脚位置，这将直接向 Dallas ID 芯片的数据线提供 28V 电源，如图 91.1 所示。上述故障模式仅在连接或断开 I/O 卡件电源时发生。在运行过程中，一旦建立了上述通信模式，则没有发生故障。

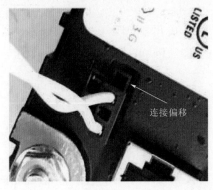

图 91.1 28V 电源连接错位

受影响产品包括 2014 年 10 月 7 日—2017 年 9 月 25 日期间制造的 I/O 卡件，对应序列号日期代码范围为×AA6×××至×E9T×××。

建议及措施

（1）尽可能减少在线更换 I/O 卡件。必须在线更换时，建议确保电源连接器正确对齐。

（2）当机组不运行时，建议在更换 I/O 卡件之前停用 28V 电源，以尽量减少电压突变。

案例 92
I/O 卡件故障（二）

适用范围

Mark * VIe 或 Mark VIe，PAIC、YAIC 或 PGEN I/O 卡件，采用 TMR。

案例背景

PAIC 和 YAIC I/O 卡件提供以太网网络（IONet）和模拟输入端板之间的电气接口。这些 I/O 卡件包含一个通用处理器板和一个特定于模拟输入功能的采集板。I/O 卡件能够处理多达 10 个模拟输入，其中前 8 个可以配置为±5V、±10V 或 4～20mA 电流回路输入。最后两个模拟输入可以配置为±1mA 或 0～20mA 电流输入。

典型的 PAIC 或 YAIC TMR 配置如图 92.1 所示。

PGEN I/O 卡件提供了 IONet 和汽轮发电机终端板（TGNA）之间的接口。该 PGEN I/O 卡件可以处理 3 个模拟输入，通常用于汽轮机蒸汽压力和 3 个 TA 输入、发电机电流。3 个模拟输入可以配置为±5V、±10V 或 4～20mA 电流回路输入。3 个 TA 输入可以从 1A 或 5A 额定 TA 输出输入。该 PGEN 执行功率负载不平衡（PLU）功能，通常用于大型汽轮机。如图 92.2 所示。

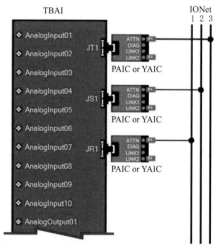

图 92.1　典型的 PAIC 或 YAIC TMR 配置

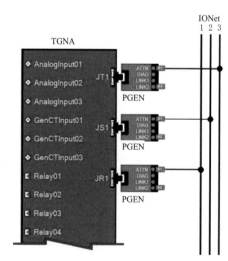

图 92.2　典型的 PGEN TMR 配置

某电厂在测试一个新的 Mark VIe 机柜时，在 TMR 配置中，从一个 PAIC I/O 卡件中移除电源。发现来自两个供电正常的 PAIC I/O 卡件的所有毫安输入信号立即降低了多达 5％。当断电的 PAIC I/O 卡件恢复供电（所有 3 个 I/O 卡件恢复正常）或从终端板上卸下不正常的 I/O 卡件时，I/O 卡件的所有毫安输入信号立即恢复到其正确值。通过附加测试，发现当 TMR 配置中的一个 I/O 卡件断电（每个端子板安装 3 个 I/O 卡件）时，PGEN I/O 卡件出现类似的信号下降。

建议及措施

更换受影响的 PAIC、YAIC 和 PGEN 卡件。

案例 93
排气热电偶故障引起分散度保护跳闸

适用范围

所有燃机。

案例背景

燃机燃烧系统的稳定主要依靠排气热电偶的正确运行和可靠性。它们用于计算合适的燃烧温度，并监测排气温度。燃烧监视的主要功能是减少燃烧系统恶化时对燃气轮机造成损坏的可能性。分散度（spread）是指两个排气热电偶之间的温差。燃烧监测系统连续计算 3 个分散度：分散度 1，分散度 2，分散度 3。它们的计算如下：分散度 1＝最高温度－最低温度，分散度 2＝最高温度－次低温度，分散度 3＝最高温度－次次低温度。系统还确定两个最高的分散度是否相邻。分散度用于报警和对机组跳闸进行保护。如果热电偶出现故障，甚至多个故障，有可能造成机组保护误动，引起机组跳闸。排气热电偶故障的主要产生原因如下：

（1）热电偶补偿导线断裂。

（2）热电偶接线端子松动。

（3）排气扩压段法兰泄漏，仓室温度高，造成补偿导线老化。

（4）燃机排气气流造成热电偶铠装套管磨损。

建议及措施

建议加强对排气热电偶的维护及检查。

（1）在机组停机后，检查热电偶铠装套管的磨损情况，发现磨损及时更换。

（2）定期检查热电偶接线端子有无松动。

（3）检查热电偶补偿导线是否晃动，应保证导线固定牢固，防止运行中晃动大，造成导线断裂。

（4）定期检查排气段法兰有无松动，避免运行中热空气的泄漏。

案例 94
液压执行机构条件性能差

适用范围

所有 Mark VI、Mark VIe 控制。

案例背景

燃机的燃料和空气阀门驱动采用液压执行机构。典型的液压执行机构包括 GCV、SRV、IGV 等。

一些燃机出现液压执行机构调级性能不稳定。液压执行机构的增益需要平衡控制回路的稳定性与控制回路的响应速度两者之间的关系。过大的增益可能导致调节不稳定（图 94.1 和图 94.2），这种不稳定可能是频率和振幅，增益不足会导致可操作性问题，如在需要快速和准确的阀门定位时，阀门却动作缓慢（例如 DLN 模式下切换和甩负荷）。

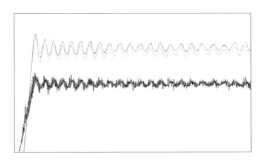
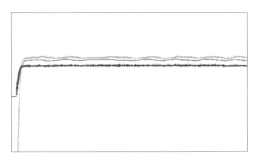

图 94.1　25％阶跃输入时阀门开度响应不稳定　　图 94.2　25％阶跃输入时阀门开度响应稳定

液压执行机构调节性能差的主要原因如下：

（1）执行机构的机械卡涩。

（2）伺服阀内油泥沉积物。

（3）松动或磨损的阀门执行器或 LVDT/旋转可变差分传感器（RVDT）连杆。

（4）使用不正确的伺服部分，特别是流速较高的伺服。

（5）电子增益过大。

（6）不稳定的液压油。

（7）接线松动或接地，屏蔽不当。

但液压执行器调节响应过快也会加速液压执行机构密封，降低液压执行机构的使用寿命。可以配置控制系统，在伺服上增加一个小信号高频偏置电流回路，以防止执行机构和伺服阀芯长时间静止产生累积现象。

燃气轮机机组不需要伺服制动器高频脉动，然而，有特定的执行器和控制系统组合，导致执行器产生可测量的高频振荡，如果及时纠正，将导致执行器和阀门的使用寿命显著降低。

建议及措施

（1）对于使用伍德沃德执行机构的电厂，可参阅表 94.1 和表 94.2。

（2）对于所有 Mark VI、Mark Ve 和 Mark VIe 系统，液压执行机构调节器设置中的高频脉动功能应设置为 0。

（3）一般来说，性能尚可接受的较老的执行器不需要修改其增益。

表 94.1　　　　　　　　　　　GCV 修订的增益表

零件编号	最佳电流增益		
正在使用的电路板/固件	PCAA 控制 ST V3.×× 及更早	PCAA 控制 ST V4.×× 及以后	PSVO 和保护模块 （VSVO）（Mark 6）
377A7019P×02 377A7019P×03 377A7019P×04 377A7019P×05 377A7019P×06 172A6868P×02 172A6868P×03 172A6868P×04 172A6868P×05 172A6868P×06 172A6868P×10	0.70	1.14	1.12
377A7019P×07 377A7019P×08 377A7019P×09 377A7019P×10 377A7019P×11	2.37	2.55	2.94
383A8476P×06	1.37	1.57	2.03
383A8476P×07 383A8476P×08 383A8476P×10 383A8476P×11	0.64	0.73	0.80
249A5187P×01	1.37	1.57	2.03
249A5187P×04 249A5187P×05 249A5187P×08	2.17	2.50	2.81
249A5187P×10 249A5187P×12 249A5187P×15	2.11	2.42	2.72
249A5022P001 249A5022P002	2.17	2.50	2.81

续表

零 件 编 号	最 佳 电 流 增 益		
正在使用的电路板/固件	PCAA 控制 ST V3. ×× 及更早	PCAA 控制 ST V4. ×× 及以后	PSVO 和保护模块 （VSVO）（Mark 6）
249A5022P003	1.40	1.98	2.25
249A5022P004	1.37	1.57	2.03
389A3960P001	2.15	2.47	2.78
389A3960P002	1.35	2.07	2.19

表 94.2　SRV 修订的增益表

零 件 编 号	最 佳 电 流 增 益		
正在使用的电路板/固件	PCAA 控制 ST V3. ×× 及更早	PCAA 控制 ST V4. ×× 及以后	PSVO 和 VSVO （Mark 6）
372A4840P×05 372A4840P×06	1.70	1.82	2.06
172A6452P×04 221A3039P×01 372A4840P×07 372A4840P×13 372A4840P×14 372A4840P×15 379A8210P×14 381A6159P×13 381A6159P×15 381A7257P×14 381A7257P×05	1.06	1.50	1.72
372A4840P×16 372A4840P×24	1.06	1.50	1.71
372A4840P×25 372A4840P×29	1.93	2.20	2.89
377A7014P×04 377A7014P×05 377A7014P×06 377A7014P×13 377A7014P×14 377A7014P×15	1.70	1.82	2.06
377A7014P×07 377A7014P×16 377A7014P×24 377A7014P×29	1.06	1.50	1.71
377A7014P×25	1.93	2.20	2.89
389A3956P001	2.04	2.32	3.04

案例 95——
危险气体探头失效

适用范围

所有使用催化式气体 LEL 探头检测危险气体的燃机设备间（如：透平间、燃气小间、互连模块）使用催化式 LEL 的危险气体探头。

案例背景

危险气体探头通常应用于装有气体燃料的系统罩壳内，以监测气体燃料泄漏。许多环境因素都有可能降低危险气体探头的灵敏度，造成传感器失效的环境因素包括：

（1）硅酮（油脂、润滑剂、蜡）。

（2）硫化氢或二氧化硫。

（3）铅化合物（四乙基铅）、重金属。

（4）卤化物（氟、氯、溴、碘）。

危险气体探头处于上述环境中会降低危险气体检测能力。

催化式危险气体探头处于上述环境中，需要更频繁的校准检查，并且可能比在正常使用情况下寿命短。催化式危险气体探头失效后存在以下风险：

（1）在尝试校准之前，仪表显示正常，没有任何损伤迹象。

（2）无法校准，需要更换传感器。

（3）测量和指示值比实际的危险气体浓度低。

（4）未能测出危险气体的存在。

建议及措施

（1）有危险气体探头的罩壳避免使用硅胶密封剂进行密封。如果不可避免，应将催化式危险气体探头取出，避免与硅酮胶散发的气体接触，直到密封胶固化为止。

（2）维护气体燃料管道系统，以消除气体燃料泄漏。

（3）建议对每个危险气体探头进行寿命测试。典型的寿命测试包括使用已知的校准气体，并记录传感器的响应值。如果响应值超出±3，建议缩短维护时间。

（4）更换无法校准的危险气体探头。遇到导致气体燃料泄漏的事故，应在处理泄漏后和重新启动燃机之前重新校准危险气体探头。

案例 96
燃料控制阀位置反馈异常引起跳闸

适用范围

Mark VIe 控制器的 TMR 配置。

案例背景

TMR 控制系统中，3 个控制器每秒执行 25 次相同的逻辑。即使一个控制器离线或跳闸，燃气轮机应该继续运行。

一些机组燃气轮机由于燃气阀门不到位、排气温度过高或火焰损失而跳闸，但 TMR 配置中只有 1 个控制器进入跳闸状态，而其他 2 个控制器运行正常。如控制器在 5 个采样周期未能采集到排气热电偶信号，就会导致排气热电偶被认为异常，并将控制器置于跳闸状态（主保护信号丢失，L4），直到数值刷新（图 96.1）。如果是指定的控制器接收到故障信号，则会发出"排气热电偶开行程"警报。

当控制器处于跳闸状态时，它通过向伺服阀发送高正电流关闭气体阀门，而另外 2 个控制器仍正常运行，发送一个微小的负电流保持阀门的开度。天然气控制开度大小是由 3 个线圈发出的电流平均值决定，但由于跳闸控制器发送的电流值高，取平均值后，仍造成燃料控制阀异常关闭。（图 96.2）。另一种可能性是，由于气体阀门关闭导致燃料流量突然减少，导致燃烧熄灭，造成"分散度高跳闸"或"熄火跳闸"。

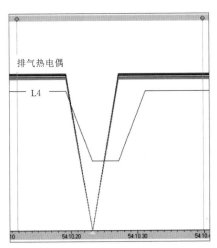

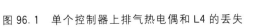

图 96.1　单个控制器上排气热电偶和 L4 的丢失

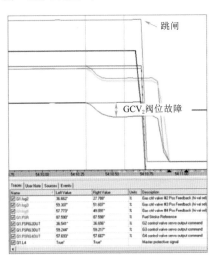

图 96.2　燃料控制阀阀位异常跳闸

建议及措施

（1）改进具有 TMR 功能的 Mark VIe 控制系统的机组安装代码，以减轻由于单一控制器进入跳闸状态而发生燃机跳闸的风险。

（2）当检测到单个控制器处于跳闸状态时，将该控制器从所有液压伺服阀的控制中移除。

（3）改进启动和加速燃料控制基准（FSR），以防止 FSR 被锁定在一个低的值。

（4）将"排气热电偶故障跳闸"逻辑上的延迟增加到 250ms。

（5）允许阀门振荡检测算法开放燃料控制阀跟踪保护的限制。

案例 97
通信模块和燃机保护模块 I/O 芯片故障

适用范围

Mark VI 控制系统。

案例背景

Mark VI 控制系统使用通信模块（VCMI）进行通信，VPRO 进行保护。控制和接口模块中的 VCMI 内部与框架中的 I/O 板通信，并通过 IONet 与其他 VCMI 和 VPRO 通信。VPRO 和相关终端板，如燃机保护接线（TPRO 和 TREx）为燃机提供独立的超速保护。IONet 是一个 10 位二进制以太网络，用于在控制模块中的 VCMI 通信板、I/O 板和保护模块的三个独立部分＜P＞之间的数据通信。每个 VCMI 和 VPRO 都使用收发器芯片，通过单个 IONet 控制通信信号。

具有本地和远程 I/O 以及保护模块的 TMR 架构如图 101.1 所示。

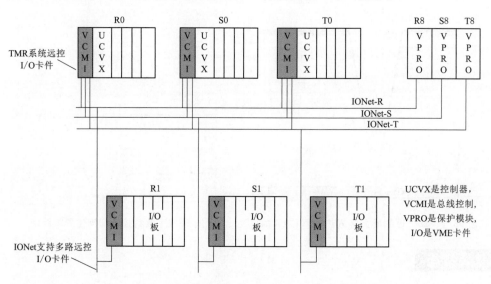

图 97.1　具有本地和远程 I/O 以及保护模块的 TMR 架构

特定的 VCMI、VPRO 和 UCVx 之间存在间歇性和持续性通信问题，这是由于 VCMI 和 VPRO 板上的插拔 IONet 收发器芯片问题引起的。收发器芯片被放置在 VCMI 和 VPRO 板上（图 97.2），或者放置在插口芯片载体中，也可以直接焊接到板上。在某些情况下，芯片和插座之间的氧化增加了电阻，导致与其他 VCMI 或 VPRO 板相关的 IONet 上的通信失败。

图 97.2　嵌在主板上的 IONet 芯片（插拔芯片）

建议及措施

（1）在受影响的板（VCMI 和 VPRO）上改变芯片的设计，在新版本的 VCMI 和 VPRO 板中使用焊锡型芯片，这将消除插拔芯片任何可能存在的氧化问题。

（2）VCMI 和 VPRO 板上的插拔芯片位置如图 97.3 所示。如果芯片是插拔设计的，则建议更换受影响的板。

图 97.3　焊接芯片

案例 98——
燃机 NO$_x$ 排放超标

适用范围

所有 1 级喷嘴叶片安装 OpFlex* 增强暂态稳定性（ETS）软件包的燃机。

案例背景

ETS 的目标是提高低氮氧化物（DLN）燃烧系统的稳定性，尤其是在电网瞬变期间。ETS 软件采用基于模型的控制（MBC）方法，采用自适应实时动力仿真（ARES）燃机模式，以提高精确度和操作能力。ARES 燃机模型需要安装新型 1 级喷嘴（KCA _ S1NA）。随着时间的推移，由于材料蠕变，一级喷嘴喉部截面增加。MBC 软件具有蠕变曲线，该曲线可将安装的 S1N 区域模拟为时间的函数，如图 98.1 所示。

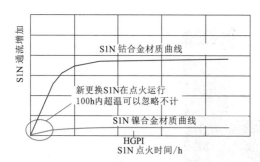

图 98.1　不同硬件的 S1N 面积蠕变曲线

当在热通道检修安装新的 S1N 时，必须修改 ARES 燃机模型中 S1N 通流面积。此外，在安装更换 S1N 时，必须修正 S1N 更换的总点火小时数（KTFT_S1NA），从而重置蠕变曲线的 S1N 面积系数，若因更换 S1N 而未调整这些常量，燃机可能会燃烧加强或不足，因为 S1N 面积对于软件中的燃烧温度计算至关重要。

两条不同的蠕变曲线几乎相等时，燃机性能测试通常在 S1N 上的点火小时进行，因此火焰温度最初是准确的。但是，随着 S1N 的点火时间累积，蠕变曲线会发散，软件中蠕变曲线与物理部分实际蠕变的这种差异将导致超温，如图 98.2 所示。

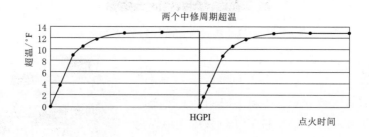

图 98.2　两个周期 S1N 蠕变模型导致的超温

部分电厂新装 S1N 时，在大修或中修后，性能恢复率下降，判断新硬件可能有问题。经过调查，发现蠕变曲线需要在软件中修改。因此，燃机在修前燃烧温度提高 $13°F$（$0.8\% \sim 1\%$MW 输出）。然后，当安装新的 S1N 时，KCA_S1NA 和 KTFT_S1NA 进行更新，从而重置蠕变曲线并暂时消除加强的燃烧，因此性能改进未达到预期值。同样，更换新 S1N 后，点火数超过 100h 后，燃机将再次加强燃烧，如图 98.2 所示。

燃机热通道部件检修间隔是依据《重型燃机运行维护注意事项》（GER 3620）计算所得。在这些计算中，如果燃机出现燃烧温度提高或降低，则检修间隔时间需修正。使用当前的蠕变曲线模型运行的受影响燃机会过度燃烧，但返修热通道部件，只要遵循 GE 的建议，用户无须更改或调整《重型燃机运行维护注意事项》（GER 3620）计算。

由于当前的蠕变曲线会导致超温，燃机也可能难以在高负荷下保持排放合规性，因为燃烧温度提高会导致氮氧化物增加。

建议及措施

建议执行以下操作消除超温现象并应用正确的 S1N 区域蠕变曲线。在基本负荷下，它可能会导致功率输出减少（估计高达 1%），但能够控制 NO_x。

（1）确认已安装的 S1N 是单叶片配置还是双叶片配置（参见图 98.3 和图 98.4）。双叶片则无须执行任何操作。

图 98.3　单叶片 S1N，每段 1 个叶片

图 98.4　双叶片 S1N，每段 2 个叶片

（2）如果为单叶片 S1N，将 KTFT_S1NA 设置为 87654321 或更高。为了在两个检修间隔期间保证 S1N 的蠕变可以忽略不计，需将 KTFT_S1NA 更改为更高值。

（3）即使用户停机，仍应确保在更换 S1N 时，KTFT_S1NA 位于 87654321 或更高，但 KCA_S1NA 仍需更换为新型 S1N。